想大賣先學會興風作浪

波浪行銷

用虛實整合的直效手法，讓廣大群眾幫你一起做生意

Mark Davies & Tina Catling ◎著 高子梅◎譯

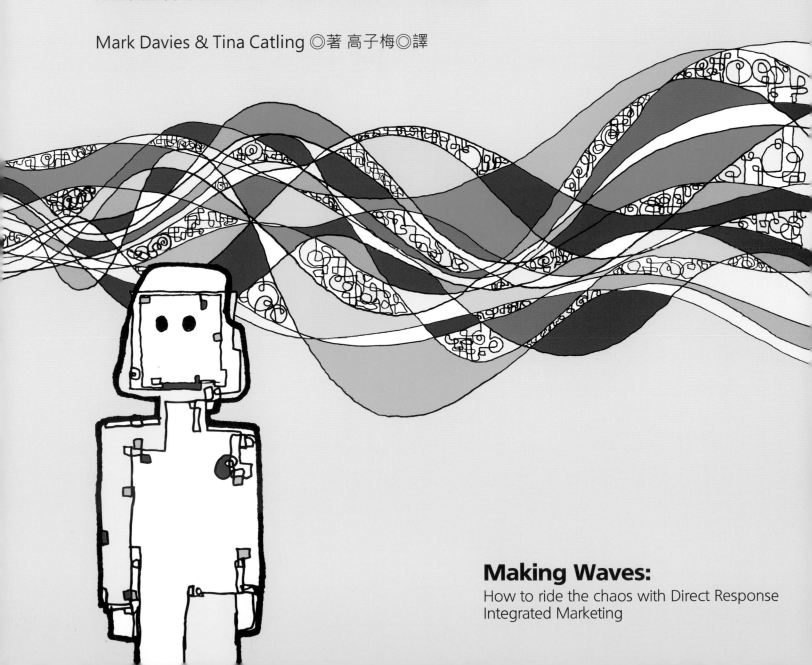

Making Waves:
How to ride the chaos with Direct Response
Integrated Marketing

企畫叢書 FP2240

波浪行銷

想大賣先學會興風作浪，用虛實整合的直效手法，讓廣大群眾幫你一起做生意

作　　　者　Mark Davies & Tina Catling
譯　　　者　高子梅
編 輯 總 監　劉麗真
主　　　編　陳逸瑛
編　　　輯　賴昱廷

發 行 人　涂玉雲
出　　　版　臉譜出版
　　　　　　城邦文化事業股份有限公司
　　　　　　台北市中山區民生東路二段141號5樓
　　　　　　電話：886-2-25007696　傳真：886-2-25001952

發　　　行　英屬蓋曼群島商家庭傳媒股份有限公司城邦分公司
　　　　　　台北市中山區民生東路二段141號11樓
　　　　　　客服服務專線：886-25007718；25007719
　　　　　　24小時傳真專線：886-25001990；25001991
　　　　　　服務時間：週一至週五上午09:30-12:00；下午13:30-17:00
　　　　　　劃撥帳號：19863813　戶名：書虫股份有限公司
　　　　　　讀者服務信箱：service@readingclub.com.tw

香港發行所　城邦（香港）出版集團有限公司
　　　　　　香港灣仔駱克道193號東超商業中心1樓
　　　　　　電話：852-25086231或25086217　傳真：852-25789337
　　　　　　E-mail：citehk@hknet.com

馬新發行所　城邦（馬新）出版集團 Cite (M) Sdn Bhd
　　　　　　41, Jalan Radin Anum, Bandar Baru Sri Petaling,
　　　　　　57000 Kuala Lumpur, Malaysia.
　　　　　　電話：603-90578822　傳真：603-90576622
　　　　　　E-mail：cite@cite.com.my

初 版 一 刷　2012年8月

城邦讀書花園
www.cite.com.tw

ISBN 978-986-235-204-5
版權所有‧翻印必究（Printed in Taiwan）

售價：360元
（本書如有缺頁、破損、倒裝，請寄回更換）

國家圖書館出版品預行編目資料

波浪行銷：想大賣先學會興風作浪，用虛實整合的直效手法，讓廣大群眾幫你一起做生意／Mark Davies, Tina Catling 著；高子梅譯. -- 一版. -- 臺北市：臉譜，城邦文化出版：家庭傳媒城邦分公司發行, 2012.08
面；　公分. --（企畫叢書：FP2240）
譯自：Making waves : how to ride the chaos with direct response integrated marketing
ISBN 978-986-235-204-5（平裝）

1.直效行銷　2.網路行銷

496.5　　　　　　　　　　　　　101015021

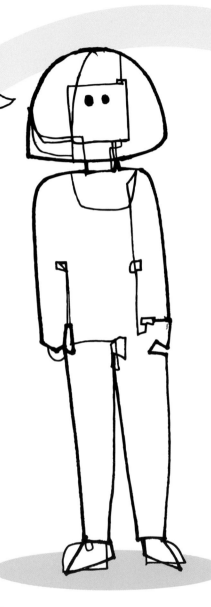
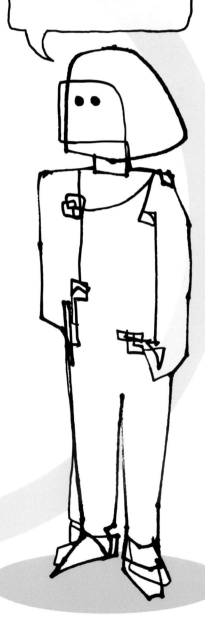

contents

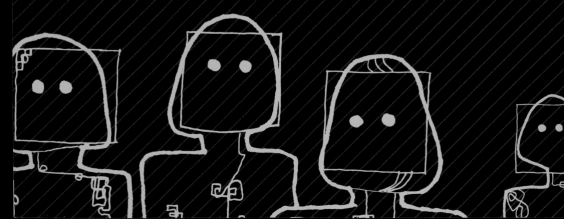

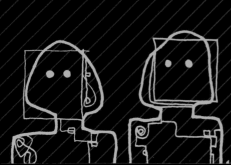

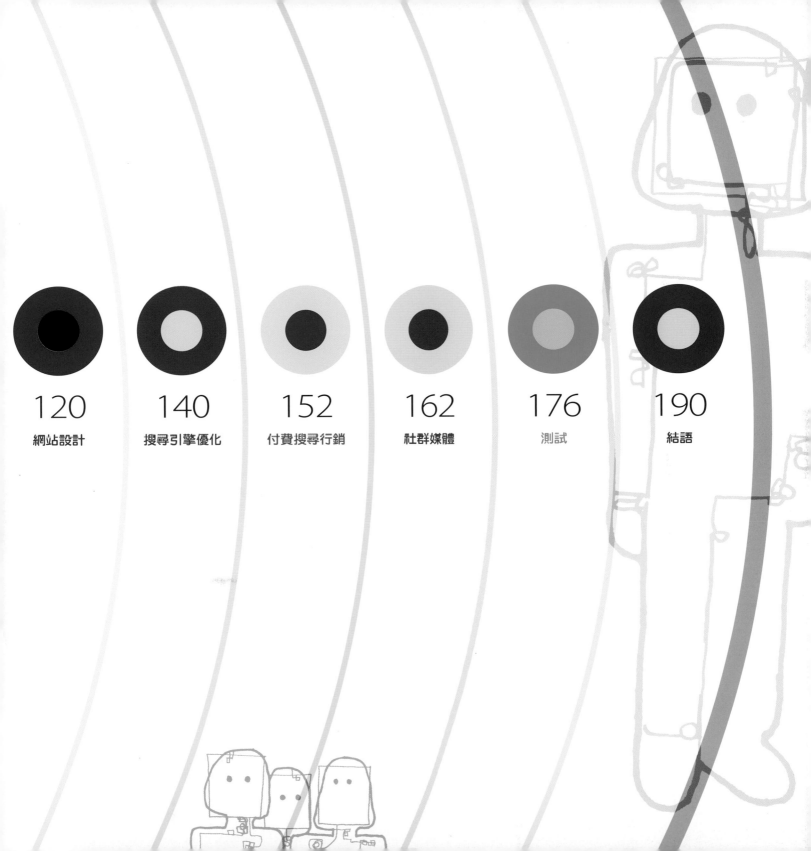

製造波浪

行銷世界波濤洶湧，隨著科技與言論的改變以驚人的速度移動。
波浪行銷乘浪前行，釋放群眾的力量。

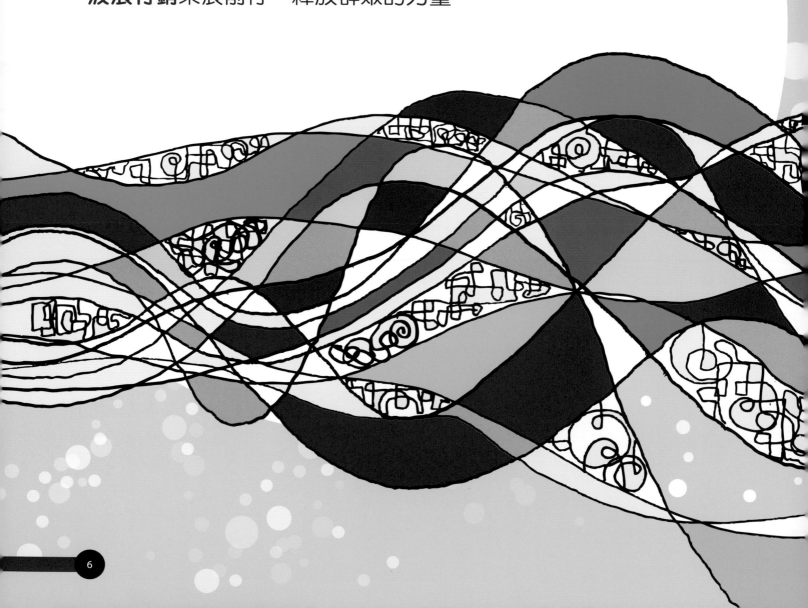

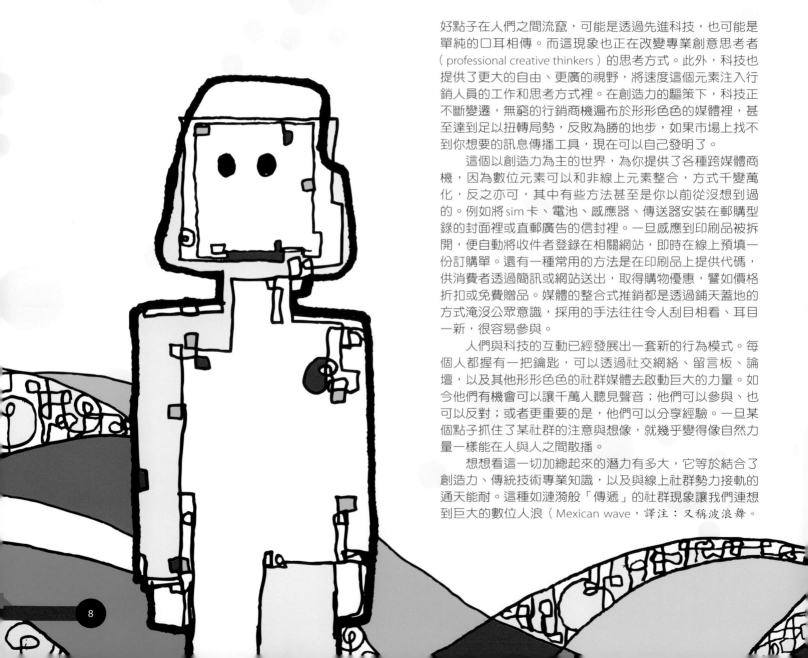

從七〇年代 Ryvita 全麥餅乾腰圍廣告（Ryvita Inch War）的游擊戰，到千禧十年行將終了之際、大猩猩以精湛鼓技超越菲爾·柯林斯（Phil Collins）的吉百利巧克力廣告（Cadbury），這些成功的破壞性創意都曾經是廣告裡的經典。但光靠好的創意點子（a big idea），是不可能激起公眾意識裡的任何漣漪。一個好點子要製造出波浪，得透過正確的管道傳達給它的視聽群（audience）。而最近以來，就連管道本身也變得像被傳送的點子一樣重要、多元和刺激有趣。

好點子在人們之間流竄，可能是透過先進科技，也可能是單純的口耳相傳。而這現象也正在改變專業創意思考者（professional creative thinkers）的思考方式。此外，科技也提供了更大的自由、更廣的視野，將速度這個元素注入行銷人員的工作和思考方式裡。在創造力的驅策下，科技正不斷變遷，無窮的行銷商機遍布於形形色色的媒體裡，甚至達到足以扭轉局勢，反敗為勝的地步，如果市場上找不到你想要的訊息傳播工具，現在可以自己發明了。

這個以創造力為主的世界，為你提供了各種跨媒體商機，因為數位元素可以和非線上元素整合，方式千變萬化，反之亦可，其中有些方法甚至是你以前從沒想到過的。例如將 sim 卡、電池、感應器、傳送器安裝在郵購型錄的封面裡或直郵廣告的信封裡。一旦感應到印刷品被拆開，便自動將收件者登錄在相關網站，即時在線上預填一份訂購單。還有一種常用的方法是在印刷品上提供代碼，供消費者透過簡訊或網站送出，取得購物優惠，譬如價格折扣或免費贈品。媒體的整合式推銷都是透過鋪天蓋地的方式淹沒公眾意識，採用的手法往往令人刮目相看、耳目一新，很容易參與。

人們與科技的互動已經發展出一套新的行為模式。每個人都握有一把鑰匙，可以透過社交網絡、留言板、論壇，以及其他形形色色的社群媒體去啟動巨大的力量。如今他們有機會可以讓千萬人聽見聲音；他們可以參與、也可以反對；或者更重要的是，他們可以分享經驗。一旦某個點子抓住了某社群的注意與想像，就幾乎變得像自然力量一樣能在人與人之間散播。

想想看這一切加總起來的潛力有多大，它等於結合了創造力、傳統技術專業知識，以及與線上社群勢力接軌的通天能耐。這種如漣漪般「傳遞」的社群現象讓我們連想到巨大的數位人浪（Mexican wave，譯注：又稱波浪舞。

球類競賽時，觀眾席上的觀眾自發性地按序起立再坐下，呈現出類似波浪的效果）。這種難以預料的氾濫與流動現象正在發生，令我們不得不為這些勢力龐大、變化不定的事件貼上一個合理標籤：**波浪**。

現在我們可以製造出更大的波浪，創造出石破天驚的絕妙點子。只要把視聽群本身當作最有效的媒體，小小漣漪瞬間就能成為滔天巨浪。

好處

投資報酬率

團結力量大的媒體結合方式，再加上大半費用全免的公眾宣傳，造就出了難以想見的投資報酬率。波浪行銷遠比當今任何一種行銷手法，更能以便宜的成本快速建立更高的知名度。

回響

一個活動若能展開大規模的對話，回響範圍勢必驚人。波浪的製造不是單向的，它是一種能夠促進各方回應與批評的對話。在行銷世界裡，回響是個極具價值的商品，若能適度滋養，便可在活動過程中蒐集到各種資料，再以這些資料去餵養活動，繼續茁壯成長。

忠誠度

由於波浪行銷的本質是互動的，因此可以在品牌和視聽群之間建立起更穩固的關係，甚至視品牌為可信賴的朋友，不再是遙不及的企業資產。一系列完善周到的行銷活動可以捕捉顧客的心，建立很高的品牌忠誠度與依附度——但若是處理不當，載舟之水亦然覆舟。

波浪行銷絕對不是精密的科學，其混沌本質會令你頭痛不已，但一個規畫良好的活動應該能將潛在的棘手問題降到最低，所提供的收益也將是其他手段難望其項背的。

水花

要製造波浪，得先濺起水花。可能是預算龐大的多管道行銷攻勢，也可能只是朝正確方向輕輕推一把，但一定要切身相關和具有獨創性才行，因為切身，才不會順手就扔，因為獨創性夠，才會與人分享，不會過目就忘。

誠如我們先前提過，完美的流程不應受到手邊媒體所限。在策略過程裡，我們終究得面對一個問題：「可以成就什麼」（what is achievable）——請看**策略**一章的**鞏固**單元——但是在最初階段，不應有這層顧慮，反而應該把重心放在原始點子的創造上，再動用、操作、甚至創造媒體來幫襯它。**策略**一章裡的**引爆**單元將會更深入的指導，教你如何成就出重要的創意點子。

好點子創造出來之後，接下來就是找到適當的地方去濺起水花，這需要有個好策略。每個策略都應該先有吸收期（absorption）。在吸收期這個階段，必須詳盡研究公司／品牌及它身處的市場環境（顧客、競爭態勢）。至於「活動應該從哪裡開始」這類問題，也要深入研究，找到答案。

誰來濺起水花……

要找到正確的地方去興起波浪，其中有很大一部分關係到「誰來參與」，而且還得先確定這些人對訊息接收和傳遞的意願程度。在任何目標視聽群裡，總有少數個體戶習於自行找出具有娛樂性的趣味媒體，與人分享，而且樂於這種發現的過程。要與這些個體戶打交道，最好的方法是留下一些蛛絲馬跡，或者是謎題或小惠，供他們循線追蹤。挑戰本身就是一種報酬，不過若能提供獎品，會讓他們更大的參與動機。

還有一群人很樂於收到自動送上門的訊息，他們會利用那些匯整了所有最佳媒體的網站（這些最佳媒體都是前述個體戶發現的）；不然就是靠著自己的社群網路來提供趣味影片、報導或活動的線上或非線上連結。然後再根據他們分享媒體的意願程度以及網絡的大小來區分。不過一般來說，要和他們聯繫，最好的方法是找到他們蒐集資訊的地方，並確保那裡有提到以他們為主的活動，也有那個活動的連結。比如說，如果目標人口是媽媽族群，就要在類似 mumsnet.com 的網站或是另一個競爭性網站 netmums.com 裡提到相關活動，這非常有助於口耳相傳。

在所有族群裡，部落客和新聞工作者是最好用的兩種族群。他們的存在就是為了散播消息，任何波浪行銷若能吸引到他們的注意，必定能有一個好的開端。

但那些消極被動的族群又怎麼辦呢？對於那些會利用社群媒體互相分享的人來說，他們是不是等同出局了？這

得看視聽群而定，因為這個族群很可能人數龐大，對活動的成功與否有關鍵性影響。他們多半能接受傳統的直效行銷手法，所以可以利用直郵廣告和電郵來瞄準。

⋯⋯那麼方法呢？

有效的媒體策略，其蘊釀過程必須像好點子一樣以創意見長。一個活動的蘊釀與開發之所以有無窮盡的方法可以嘗試，是因為我們可以挪用、操作，甚或創造出媒體來達到傳播目的。什麼性質的媒體最理想，什麼樣的媒體組合最完美，這都得看視聽群是誰？敏感度如何？以及他們的收視、收聽、閱讀及數位行為來決定。

提供人們心裡真正想要的東西，而不是給他們口中想要的東西，這一點很重要。最厲害的水花可以表達出連他們自己都不知道自己心裡真正想要的東西，因為這種驚喜和發現是很強的催化劑，會讓接收者很想與人分享他們的發現。你等於為他們製造了一種「你們看我找到什麼好東西了」的感覺。如果你能更深入探究目標視聽群，去讀他們在留言板上的各種留言（這部分可以借助某種過濾性程式，它們可以從中找出一些特定的關鍵字），並且和他們開始對話，你就會得到遠比問卷調查或焦點團體訪談（focus group）結果還要多的收穫。有了這筆資料，你便能掌握他們要的是什麼，包括產品／服務以及促銷產品與服務的行銷辦法。

做完顧客分析之後，接下來是調查媒體——本書會是個好的開始——你會因此更了解媒體，更能充分運用它們。每個媒體都有它的優缺點，為了截長補短，可以結合運用。但關鍵在於這些媒體得互有關聯，這就好像訊息不能離題一樣。要做到這一點，必須先研究目標視聽群，了解他們習慣借助什麼方法來接收資訊；哪些媒體管道最能反映出他們的習慣。譬如有一家新潮的公司，向來關懷生態，銷售對象以年輕人為主，如果這家公司展開活動，最適合的媒體可能有年輕族群閱覽的雜誌、相關的電視節目、社群媒體、電子郵件、網站，以及以再生紙印製、風格簡潔的郵件（而不是會耗掉大半雨林資源的郵購型錄）。

要發揮影響力，最好的方法就是為公眾創造一種經驗，讓他們參與，讓他們想與同儕分享。它可以簡單到只靠一支趣味影片、一張好玩的圖片或一篇文章便大功告成；或者複雜到必須舉辦一場聲光效果十足、搭配煙火的大型活動。行銷訊息形形色色，充斥在每天的生活裡，而訣竅就在於你得引起某種回響，才能讓你的品牌從眾多行銷訊息裡凸顯出來，進入人的意識知覺裡。這也是為什麼儘管網路是最快速又最便宜的行銷工具，但像直郵廣告和郵購型錄這類實體媒體（physical media）仍有其重要性。

在網路有能力透過觸覺、味覺和嗅覺等感官刺激來撩撥意識之前，還是得借助消費者能實際參與的活動去創造出最大的影響力。

> **有效的媒體策略，其蘊釀過程必須像好點子一樣以創意見長。**

長波浪

「⋯⋯要說服顧客加入我們，最厲害的方法永遠莫過於口碑行銷」

《行銷的未來》（*The Future of Marketing*）之行銷社會篇（*The Marketing Society*），作者：理察・布蘭森（Richard Branson）

如果是在正確的地方興起波浪，而且具有獨創性和夠切身相關，公眾就會自行肩負起散播波浪的工作。不過一個活動絕不可能自行延續下去，總是需要一些支撐才能維持住活力，譬如在社群媒體裡適時地帶出高潮，必要時推它一把，讓它重回公眾的核心意識裡。不應該在製造了一個大波浪之後，卻眼睜睜看著它迅速消失於無形。這也是我們要動用媒體組合的另一個原因，因為各媒體有各自不同的回應時間（response time）：電視廣告或遠端圖像傳送（eshot）在回應上都會出現明顯的高峰期，但也很快歸於死寂；至於郵購型錄、上門推銷，甚至新聞報導，較不會在回應上快速出現高峰期，反而得要花較長的時間才能收到回應。

一般來說，口碑行銷之所以重要，原因在於屬於消費者物種的我們是群體動物，渴望周遭人士向我們提出保證。因為我們的錢是辛苦賺來的，所以購買任何東西之

前，都會在心裡先對**價值**做一番計算（將**品質**和**好處**加乘起來，除以價格，得出結果），再和賺這筆錢所必須花費的**時間**與**功夫**做個比較。若是對這個產品、服務、品牌缺乏經驗，無從得知某些價值，計算過程便會出現障礙。譬如產品的品質不佳，但零售商不會作這樣的宣傳，潛在顧客於是無法確定產品的良莠，因此在購買之前便得先提供保證。以前沒有網路時，獲得保證的最佳方法是靠品牌認知（brand recognition），畢竟品牌必須有夠多的顧客才有本錢做廣告，所以也算理所當然，而且若是獲得媒體的大幅報導，肯定是因為這個產品對許多人來說很重要，普受歡迎。簡而言之，品牌認知之所以這麼有影響力，是因為有數據保證。

就在品牌認知等同於關鍵鑰匙的那幾十年間，口碑行銷只能在利基市場（niche）或精品市場裡發揮功效，譬如理察．布蘭森的**維京大西洋航空公司**（Virgin Atlantic），它的市場顧客群很小，很容易辨識，關係維繫得很好。但網路改變了這一切，因為網路為行銷世界帶來了更大的進步空間（速度、價值、潛力），更為群眾製造了發聲的機會，讓其他人聽見他們的聲音。口碑行銷於是從利基式行銷翻身成為大眾行銷。也因此，同儕的推薦和感想成了銷售之道，因為這些訊息很容易取得，而且等於多了一層保證。它們向潛在顧客擔保這些保證都是千真萬確的。於是這個產品不再是沒有面孔的廣大群眾拱出來的，而是住在布里斯托的戴夫的真人真事推薦，當然更值得信賴。這種保證的關係便由原始的群體心理轉變為人與人之間的文明對話，在行銷活動的核心裡，就是要放進這種對話。Trip Adviser（譯注：*知名的旅遊網站*）是一個很好的例子，度假人士會在這裡張貼旅遊感想供人瀏覽。

所以結論是，要維持一個波浪，公司必須累積顧客，讓他們去對外散播和產品有關的好評。要做到這一點，有五個關鍵階段：

1. 爭取顧客
第一階段是傳統的行銷目標。滿足顧客需求仍非常重要。

2. 打動顧客
要打動顧客，行銷人員必須先親自體驗產品或服務，確保傳播內容的真實性。你說的話都是有根據的，不然只會失敗收場。

3. 關心顧客
要滿足顧客的需求，你必須先了解一點：在波浪行銷的世界裡，忠誠度比新鮮感來得有價值。以前的行銷是這樣區隔的：一邊是現有顧客，另一邊是潛在顧客。要拓展生意，就得爭取新顧客，必須做很大的投資，但也往往折損了現有的顧客。因為一旦爭取到顧客，說服他們做了幾次購買，便擱在一旁，認定他們以後會繼續購買，花在他們身上的行銷支出少到不能再少，轉移重心，去尋找其他可被征服的顧客。

但是有越來越多的人會開始自行調查別處有沒有更油油綠綠的牧草，再加上現在隨手可得各種評論與比較，如果別處有更好的服務，他們都找得到。因此前述那種得手了便冷落一旁的登徒子做法已經不管用。顧客不只會去別處花錢，還會順道帶走波浪的力道。要解決這個問題，行銷人員必須像重視潛在顧客一樣重視現有顧客，資源的提供也要一視同仁。為什麼新顧客可以得到折價優惠，忠誠的顧客卻一無所有？這些老顧客終究會發現他們受到差別待遇，而且是很不公平的待遇，於是不留情面地離去。

4. 提供顧客足夠的工具與動機去做口耳相傳
這個階段需要為顧客準備各種管道，供他們公開發表意見。這可以借助線上社群媒體，人們可以很輕鬆地在那裡留言和瀏覽各式評論。我們會在**社群媒體**一章裡詳談這部分的細節，但無論如何，之所以要宣傳那些可供顧客公開詢問、讚美或抱怨的社群媒體工具，目的無非是要讓訊息容易口耳相傳，同時也強調品牌的誠信形象，以及顧客與品牌之間的緊密關係。

這種可供顧客分享看法的工具一旦設置好，你也必須加入和這些評論者打交道，共同參與這個評論性平台。瀏覽上頭的留言與評語，回應對方，把它們變成對話。你的回答要活潑，強調顧客的重要性，所以別人給的好評，要予以感謝，若有負面批評，則要設法解除疑慮。把注意力放在人的層面上，如此一來，即便是負面批評也可能成為轉機，證明這個品牌有多重視顧客的想法。

5. 強調理由何在
多數公司在自我推銷時，都在強調他們做了**什麼**，還有他們是**如何**辦到的——「我們是利用最新科技製造出最優質的車種」。卻鮮少說明他們這麼做的**理由何在**。忠誠度可以被**好的理由**說動，因為它能創造一套價值觀是顧客可以認同和參與的。譬如拿剛剛的車子為例，「我們之所以製

造車子是因為這是個美麗迷人的世界，我們希望你能到處走走看看」，這種說法可以告訴顧客你的品牌代表的是什麼，品牌的信仰又是什麼，因此可以吸引到有同樣信仰與價值觀的人。它把購買的行動從單純的獲取行為轉變成一種投票、立誓或入會的象徵。

惡浪

波浪行銷並非毫無問題。它的力量是在一種幾近達爾文主義的自然和混亂環境裡生成的，因此無法控制訊息的接收和反應方式，難免會遇到麻煩，譬如一則負面的新聞評論或者一個被惹毛的顧客，行銷活動裡的波浪便會偏了方向。但訣竅就在於你必須從別人的錯誤經驗中學習，才能預防勝於治療。礙於波浪行銷的性質，一旦活動正式開跑，萬一不幸出現負面反應，便很難去執行任何反制措施。

對活動可能造成傷害的原因之一，是訊息傳錯了視聽群。**蘋果公司（Apple）**在製作英國版的「我是 Mac，我是 PC」電視廣告時，就學到了這個教訓。他們找來喜劇演員羅伯特‧韋柏（Robert Webb）和大衛‧密契爾（David Mitchell）分別扮演 Mac 和 PC（這裡指的是蘋果的 Mac 電腦和一般個人電腦 PC），意思是 PC 既不可靠又無趣，Mac 則是又酷又有趣。但這個廣告有兩個問題：其中一個問題是，自認是 PC 使用者的消費者，不喜歡被人形容成無趣的傢伙，所以不會買這個廣告的帳；而另一個問題是，廣告裡扮演 PC 的人，他的台詞比較有意思和有趣，相較之下，那位自鳴得意的 Mac 角色反而很不討喜。事實上它的反效果嚴重到連**微軟公司（Microsoft）**都把「我是 PC」這句口號挪用到自己的行銷活動裡。

另一個常見的問題是，行銷文宣品裡的承諾並沒有夠強的產品或服務來背書，事實和行銷內容顯然不符，再好的波浪也只能曇花一現，瞬間消失，而最壞的情況就是變成惡浪滔滔。

其中一個最有名的例子幾乎已成某種傳奇，常被拿來告誡年輕的行銷人員要引以為殷鑑。這個例子就是**九二年胡佛電器買就送機票活動的慘痛經驗**（The Great Hoover Flight Fiasco of '92）。當時**胡佛公司（Hoover）**庫存了許多吸塵器和洗衣機，於是想出一個絕妙點子，只要顧客花一百英鎊購買任何胡佛產品，便能免費得到兩張歐洲來回機票。這消息傳得很快，回響非常大，許多人都是看到這個慷慨的買就送機票活動而購買了胡佛的產品。但問題是這活動太慷慨了，旅行社幾乎窮於應付。更慘的是，胡佛公司似乎完全不察問題所在，竟然又推出另一個促銷活動，這次是提供去美國的免費機票。結果想當然爾，胡佛完全招架不住市場需求，根本兌現不了自己的承諾。消費者權益保護組織和媒體也捲入其中，等於進一步宣傳了這個優惠活動，刺激出更大的需求。最後經過曠日費時的連番訴訟，該公司付出了四千八百萬英鎊，昔日參與活動的工作人員悉數遭到革職，品牌聲譽嚴重受創。胡佛公司確實製造了巨大的波浪，但因為沒有做好萬全準備，結果為此錯誤付出了慘痛的代價。

不過這類事件畢竟不是經常發生，萬一活動過程出現負面批評，並不值得大驚小怪。畢竟要讓每個人都滿意是不可能的，所以難免會有一定的雜音出現。顧客們都明白這一點，他們會根據多數的反應來做決定，不會因為一兩則惡評就全盤否定。

浪落浪又起

每個波浪都有自然的生命周期，當興趣不再時，浪頭便跟著消褪，能量也被耗盡。如果你的活動是建立在某種促銷或競賽上，波浪的周期長度便等於已經先設定好，也為回應的時效多添了一點急迫性。但若缺了時效這個元素，你就得從頭到尾密切監看視聽群在這活動裡的動靜，才能知道何時該推出下一波活動。下一波新活動必須要能及時接收波浪背後的那群原班人馬，才能繼續乘勝追擊。

製造新的波浪

總而言之，要啟動新的波浪，千萬要記住：

- 點子一定要夠好、夠強而有力、夠切題，而且夠刺激有趣，因為大部分的人都負荷了過多的銷售訊息，這代表點子本身必須夠**搶眼**，才能散播出去。

- 多數企業都會充分利用**各式各樣**目標精準、手段直接的行銷媒體管道。
- 無論決定用什麼手段來散播活動的訊息，都得靠一個千古不變的元素才能製造出規模最大、持續最久和最受歡迎的波浪，那就是**人**的元素。
- 務必確保產品／服務以及售後支援都要能跟上行銷的腳步，以及顧客能有很多管道去做口耳傳播。證明你傳播的訊息是**童叟無欺**的。
- 讓它驚天動地的開始，而且**知道何時收手**；甚至可以設定一個截止點，加一點急迫性在裡頭，好引起群眾更多注意，也有助你創造下一波活動。

本書會幫忙你發想點子，創造策略，挑出最理想的媒體組合和手法技巧（譬如傳統的直郵廣告技巧現在也普遍運用在網站的製作上），確實打造出波浪行銷。我們找到一些訣竅，可供你運用在直效式媒體裡，讓你輕鬆衡量出其中效應。但千萬記住，這些都只是指導性的方針，最厲害的行銷還是得靠好的創意，而這些方針指導不能也不該阻礙你的創意，就像湯瑪斯·愛迪生（Thomas Eddison）說的：「真是見鬼了，這裡完全沒有規則可言，我們正設法做點東西出來。」

務必確保點子要夠好、夠強而有力、夠切題，而且夠刺激有趣。

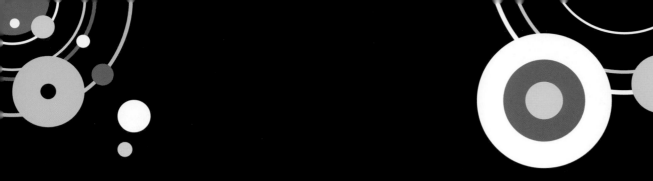

行銷策略與規畫

將你的資源集中在最有利的
機會點上

行銷策略就是一種管理過程，過程中必須負責找出、預測和滿足顧客的需求。

這種以顧客為主的活動得在適當地點、適當時間，以適當價格推出適當產品，然後必須向一群適當的人適當地傳播，以達到刺激需求和創造銷售的目的。

不規畫，就等著失敗吧

在 outside the box 小組裡的時候，我們最愛做的事情就是發想好的創意點子。我們不得不承認，好點子只存在於基礎作業正確的環境裡。脫韁野馬式的創作如果與產品沾不上邊或者行銷活動沒有瞄準好對象，用處也是不大。

我們會利用一系列的工具來打造好必要的基礎作業、界線和目標。它們可能是很具體的工具，譬如表格、公式和矩陣；也可能是流程，待做事項清單；甚或只是一種正確的心態，以及建立正確心態的一些技巧。應變性行銷計畫和傳播計畫則是致勝關鍵。

不管是產品、服務或一家企業，要想在競爭激烈的環境裡勝出，得先了解現況如何和界定行銷目標，並根據目標展開規畫。正統上來說，有七個重要領域有待檢驗，巧得是它們都以 P 字母開頭。

1. 產品（Product）

這產品對視聽群來說有切身相關嗎？它和其他的類似產品有何不同？

2. 價格（Price）

這個產品／服務的價格具有競爭力嗎？高價位的定價對它有利嗎？

3. 地點（Place）

在哪裡販售？容易買到嗎？

4. 人（People）

你有適當的團隊來完成你的行銷計畫嗎？

5. 定位（Positioning）

什麼樣的訊息可以反映出你的產品／服務／企業，表現出你的與眾不同？

6. 包裝（Packaging）

你該如何包裝自己的產品、人員或企業？（這其實和你的品牌有關，但品牌不是以 P 字母開頭。）

7. 促銷（Promotion）

要將訊息傳播給你的視聽群，最好的方法是什麼？

一個好的行銷策略，其核心位置就有這七個 P。前四個提出一套行銷目標，這套目標對行銷計畫的健全發展來說極具關鍵。整套計畫的結果以致於最後的成就，都是依據五個標準來看：

- 以事實為準，不以假設為準。
- 特殊方向的提供。
- 配合行銷機會，供給資源。
- 為企業提供資訊，帶領方向。
- 極大化收入與利潤，充分實踐經營企畫書。

第五、第六和第七個 P 都和傳播策略及促銷規畫有關，它們能以適當的方法將適當的訊息瞄準適當的顧客群，達到促銷產品／服務的目的。

> ## 你怎麼知道你採用的**點子**是**最好**的？

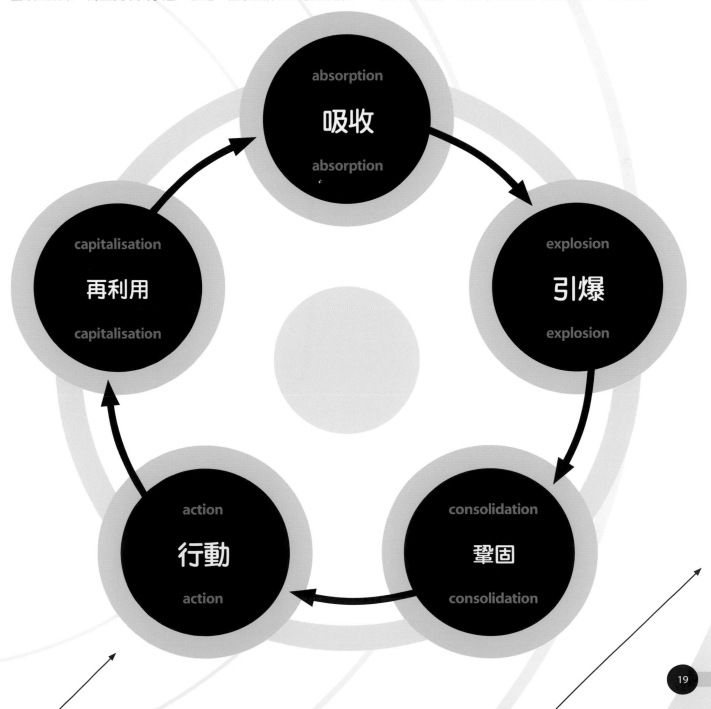

完美計畫

outside the box小組針對促銷活動的研擬，創造出一套流程，這套流程涉及到一些技巧，可以讓你提出創新的對策，得到豐碩的成果，而且從未失手過。它是一種永無休止的循環過程，一個回合過後，再把學到的新知反饋到下一回合裡。

吸收

我們要把自己浸淫在問題、品牌、產品、文化、企業目標、目標視聽群及購買行為的相關資料、競爭市場，以及其他對行銷活動可能有影響的各個層面裡。若有適合的基礎調查和輔助調查，也可以在這裡派上用場。可能的話，試用一下服務或試買產品，得到第一手的顧客經驗。而最終的目的是：

- 了解和確定品牌、定價及通路之間的相關性。
- 找到競爭優勢。
- 決定相關定位。
- 發展行銷計畫。
- 擬定創意工作大綱（creative brief）──吸收。
- 提供背景資料。

引爆

在這裡我們會利用蒐集到的資料創造出可促銷產品／服務的點子。我們需要的是傳播／媒體策略（我們用來傳播的工具）以及創意本身。（我們要表達的是什麼？還有如何表達出來？）吸收期的時候，產品或服務的適當性若曾受到質疑，在為產品或服務做進一步的開發時，「引爆」作業會變得很重要。

利用我們的創意工作大綱作為起點，從各個角度進行探索，不要馬虎。務必借助一些動腦工具和技巧來幫忙發想點子，因為要得到一個好點子，最好的方法之一就是先有許多點子！

鞏固

有了點子之後，還得依據各項攸關點子成敗的元素進行務實的比對與檢核；這可能包括預算、時間、品牌相稱度（brand fit）、上市速度等。事實上，所有這些元素都會被涵括在創意工作大綱裡。能夠存活下來的點子必須務實、能夠配合目標方向。此外也必須夠搶眼，有挑戰性，令人耳目一新。

行動

這裡我們會大概說明如何將這些好點子化為行動，透過實際可行的活動規畫與時程安排來逐步推動。基本上，這是一個讓概念成真的過程。

再利用

一旦對外展開活動，就是評估成果的時候了。無論看的利潤、新顧客還是其他衡量標準，我們都得捫心自問目標有否達成，才能繼續打造未來。將成果資料蒐集齊全是很重要的工作，等到下一波活動的吸收期，這些反饋回來的資料便能派上用場。

歡迎進入你的新策略

吸收

我們現在身處何處

這裡的目標是評估現有情勢，找出市場潛力，在這兩者之間畫出一條路線。在這個階段裡，企業的各個層面都要受到檢視，包括視聽群的需求、視聽群的行為、購買模式、競爭環境、定價結構，以及產品／服務的交付方式。這能讓我們確認現有產品／服務的適當性，找出可以開發的領域。

吸收之後所得出的結果就是行銷策略和行銷計畫，再從這裡研擬出創意工作大綱，最後形成促銷活動。如果行銷計畫已經存在，那麼就趁吸收期提出一些值得質疑的議題，或者補充一些可能有利修正計畫的資訊。

在這裡將有一系列的作業練習作為**吸收**期的實用指南。當然每次遇到的狀況都不一樣，所以有些練習可能和你手邊的作業任務切身相關，有些則不然。

你認為你是什麼樣的人？

要著手展開策略活動，最好的方式是先決定你自己以及合作團隊還有企業本身會採什麼方式作業。無論你是為行銷顧問公司還是行銷部門工作，抑或自己販售產品，都絕對逃不開人與之人的互動。先認清自己和周遭人士的優缺點，才能充分發揮人際互動關係，找到適當人選承接案子，組成適當團隊，達到有效管理、分派和鼓舞人才的目的。

我們都知道我們有必要了解各種不同的個性以及他們之間的相處方式，於是我們找到了蘇珊‧戴玲潔博士（Dr Susan E. Dellinger）所研發的一套人格特質剖析系統（www.psychometricshapes.co.uk），凡是有新進員工或新客戶，都可套用這個系統。它的用處在於它能確保團隊成員的均衡組合，這種組合完全符合目標，同時也兼顧了創作力、結構性和驅動力。一旦熟悉了這套技巧，便能輕鬆地拿來剖析公司或團隊的人才。請利用以下問卷評估你和你的團隊是否具備足以應付眼前挑戰的適當特質！

人格特質剖析

在下列敘述裡，你認為哪一個是在形容自己。

姓名：

仔細研究下列各組形容詞，從每組裡頭挑出一個最適合用來形容你的字眼，並在空格上畫 X 作為標示。不能省略任何一組。

1. __ 愛熱鬧	__ 性喜冒險	__ 善於分析	__ 適應力強
2. __ 堅持不懈	__ 愛開玩笑	__ 有說服力	__ 愛好和平
3. __ 服從	__ 自我犧牲	__ 善社交	__ 意志堅強
4. __ 體貼	__ 克制	__ 性喜競爭	__ 令人信服
5. __ 形象清新	__ 受人尊重	__ 含蓄	__ 善於謀略
6. __ 容易滿足	__ 敏感	__ 凡事靠自己	__ 活潑
7. __ 規畫者	__ 有耐心	__ 積極	__ 推廣者
8. __ 胸有成竹	__ 自動自發	__ 按表作息	__ 害羞
9. __ 井然有序	__ 樂於助人	__ 坦率	__ 樂觀
10. __ 友善	__ 忠實	__ 滑稽有趣	__ 個性堅強
11. __ 膽子大	__ 可愛	__ 圓滑	__ 心思細膩
12. __ 開朗	__ 始終如一	__ 有素養	__ 自信
13. __ 理想主義	__ 獨立	__ 不讓人討厭	__ 具有感召力
14. __ 勇於表達感情	__ 果斷	__ 冷面笑匠	__ 深沉
15. __ 善於調停	__ 擅長音樂	__ 行動者	__ 容易與人打成一片
16. __ 深思熟慮	__ 頑強	__ 健談	__ 寬容
17. __ 傾聽者	__ 忠誠	__ 領導者	__ 精力充沛
18. __ 好爭論	__ 首領	__ 圖表製作者	__ 精明
19. __ 完美主義者	__ 隨性	__ 創作力豐富	__ 人緣好
20. __ 精神飽滿	__ 無所畏懼	__ 行為檢點	__ 講究平衡

人格特質剖析續篇

21. ＿ 臉皮厚　　　　＿ 跋扈　　　　　＿ 侷限不安　　　　＿ 茫然

22. ＿ 不守紀律　　　＿ 冷漠　　　　　＿ 缺乏熱忱　　　　＿ 無情

23. ＿ 不情不願　　　＿ 憎恨　　　　　＿ 抗拒　　　　　　＿ 嘮叨

24. ＿ 挑剔　　　　　＿ 害怕　　　　　＿ 健忘　　　　　　＿ 太過直率

25. ＿ 沒有耐心　　　＿ 沒有安全感　　＿ 優柔寡斷　　　　＿ 愛打岔

26. ＿ 不受歡迎　　　＿ 漠不關心　　　＿ 難以預測　　　　＿ 不帶感情

27. ＿ 剛愎自用　　　＿ 任性　　　　　＿ 難以取悅　　　　＿ 猶豫不決

28. ＿ 平庸　　　　　＿ 悲觀　　　　　＿ 驕傲　　　　　　＿ 隨便

29. ＿ 容易發怒　　　＿ 漫無目標　　　＿ 愛追根究柢　　　＿ 不合群

30. ＿ 幼稚　　　　　＿ 態度消極　　　＿ 容易緊張　　　　＿ 無動於衷

31. ＿ 杞人憂天　　　＿ 畏畏縮縮　　　＿ 工作狂　　　　　＿ 愛邀功

32. ＿ 太敏感　　　　＿ 應對沒有技巧　＿ 膽小　　　　　　＿ 喋喋不休

33. ＿ 疑心病太重　　＿ 做事沒有章法　＿ 專橫　　　　　　＿ 沮喪

34. ＿ 反覆無常　　　＿ 內向　　　　　＿ 心胸狹窄　　　　＿ 冷淡

35. ＿ 髒亂　　　　　＿ 喜怒無常　　　＿ 喃喃自語　　　　＿ 喜歡操控

36. ＿ 遲鈍　　　　　＿ 固執　　　　　＿ 愛炫耀　　　　　＿ 懷疑

37. ＿ 獨來獨往　　　＿ 作威作福　　　＿ 懶惰　　　　　　＿ 招搖

38. ＿ 無精打采　　　＿ 猜疑　　　　　＿ 脾氣壞　　　　　＿ 注意力不集中

39. ＿ 有報復心理　　＿ 焦躁不安　　　＿ 不情不願　　　　＿ 輕率魯莽

40. ＿ 易於妥協　　　＿ 吹毛求疵　　　＿ 詭計多端　　　　＿ 善變

人格特質剖析──評分表

姓名：

把你的 X 移到評分表裡，然後加總

～	●	▲	■
1. ＿ 愛熱鬧	＿ 性喜冒險	＿ 善於分析	＿ 適應力強
2. ＿ 愛開玩笑	＿ 有說服力	＿ 堅持不懈	＿ 愛好和平
3. ＿ 善社交	＿ 意志堅強	＿ 自我犧牲	＿ 服從
4. ＿ 令人信服	＿ 性喜競爭	＿ 體貼	＿ 克制
5. ＿ 形象清新	＿ 善於謀略	＿ 受人尊重	＿ 含蓄
6. ＿ 活潑	＿ 凡事靠自己	＿ 敏感	＿ 容易滿足
7. ＿ 推廣者	＿ 積極	＿ 規畫者	＿ 有耐心
8. ＿ 自動自發	＿ 胸有成竹	＿ 按表作息	＿ 害羞
9. ＿ 樂觀	＿ 坦率	＿ 井然有序	＿ 樂於助人
10. ＿ 滑稽有趣	＿ 個性堅強	＿ 忠實	＿ 友善
11. ＿ 可愛	＿ 膽子大	＿ 心思細膩	＿ 圓滑
12. ＿ 開朗	＿ 自信	＿ 有素養	＿ 始終如一
13. ＿ 具有感召力	＿ 獨立	＿ 理想主義	＿ 不讓人討厭
14. ＿ 勇於表達感情	＿ 果斷	＿ 深沉	＿ 冷面笑匠
15. ＿ 容易與人打成一片	＿ 行動者	＿ 擅長音樂	＿ 善於調停
16. ＿ 健談	＿ 頑強	＿ 深思熟慮	＿ 寬容
17. ＿ 精力充沛	＿ 領導者	＿ 忠誠	＿ 傾聽者
18. ＿ 精明	＿ 首領	＿ 圖表製作者	＿ 好爭論
19. ＿ 人緣好	＿ 創作力豐富	＿ 完美主義者	＿ 隨性
20. ＿ 精神飽滿	＿ 無所畏懼	＿ 行為檢點	＿ 講究平衡
21. ＿ 臉皮厚	＿ 跋扈	＿ 侷限不安	＿ 茫然
22. ＿ 不守紀律	＿ 冷漠	＿ 無情	＿ 缺乏熱忱
23. ＿ 嘮叨	＿ 抗拒	＿ 憎恨	＿ 不情不願
24. ＿ 健忘	＿ 太過直率	＿ 挑剔	＿ 害怕
25. ＿ 愛打岔	＿ 沒有耐心	＿ 沒有安全感	＿ 優柔寡斷
26. ＿ 難以預測	＿ 不帶感情	＿ 不受歡迎	＿ 漠不關心
27. ＿ 任性	＿ 剛愎自用	＿ 難以取悅	＿ 猶豫不決
28. ＿ 隨便	＿ 驕傲	＿ 悲觀	＿ 平庸
29. ＿ 容易發怒	＿ 愛追根究柢	＿ 不合群	＿ 漫無目標
30. ＿ 幼稚	＿ 容易緊張	＿ 態度消極	＿ 無動於衷
31. ＿ 愛邀功	＿ 工作狂	＿ 畏畏縮縮	＿ 杞人憂天
32. ＿ 喋喋不休	＿ 應對沒有技巧	＿ 太敏感	＿ 膽小
33. ＿ 做事沒有章法	＿ 專橫	＿ 沮喪	＿ 疑心病太重
34. ＿ 反覆無常	＿ 心胸狹窄	＿ 內向	＿ 冷淡
35. ＿ 髒亂	＿ 喜歡操控	＿ 喜怒無常	＿ 喃喃自語
36. ＿ 愛炫耀	＿ 固執	＿ 懷疑	＿ 遲鈍
37. ＿ 招搖	＿ 頤指氣使	＿ 獨來獨往	＿ 懶惰
38. ＿ 注意力不集中	＿ 脾氣壞	＿ 猜疑	＿ 無精打采
39. ＿ 焦躁不安	＿ 輕率魯莽	＿ 有報復心理	＿ 不情不願
40. ＿ 善變	＿ 詭計多端	＿ 吹毛求疵	＿ 易於妥協
總計 ＿＿	總計 ＿＿	總計 ＿＿	總計 ＿＿

大多數人都會某一種形狀的分數特別高，仔細看後面幾頁的人格剖析，就能了解你的形狀所代表的意義。

曲線型人格剖析

曲線型的人很有創意、很熱情,喜歡讓人刮目相看

優點

絕佳的幽默感

可以成為派對裡的靈魂人物

觸感敏銳

很感性

熱情,表情豐富

好奇心強

活在當下

心境轉變很快

單純、內心誠懇

點子奇佳

不會說謊

缺點

記不住人名

太過熱情,常嚇壞別人

不守紀律,老忘了自己的責任所在

不會堅持到底

聲量和笑聲很大

容易分心,急著打斷別人

浪費時間,搞不清楚優先順序

容易缺乏自信

幼稚

把辦公環境搞得像菜市場

痛恨期限約束

經常遲到

列為優先的事情

喜歡和人打交道

喜歡建立人脈

喜歡被人喜歡的感覺

喜歡多點機會

如何推銷你的生意和你自己

語帶啟發

宣傳你有哪些人脈或者正在為誰工作

利用重量級人士所寫的推薦信函

找出共同的熟人,靠他們來幫忙

如何結語

秀出別人的背書

重心擺在人和意見上

提供現在購買的誘因或良機

說明為什麼這筆投資

可以提升客戶形象

善用恭維

請教意見

曲線型客戶

會輕易認錯道歉

不會忌恨

需要讚美

喜歡和眾人參與自發性活動

對好的創意點子抱持開放的態度

急著把公司弄得像家裡一樣舒適

很快就能想出新的活動和方案

很有創意,想法多采多姿

精力旺盛,很有熱忱

節拍和別人不一樣

是個敢冒風險的人

活在未來

圓型人格剖析
圓型的人是開放、誠實和真誠的

優點

很好相處，無拘無束

溫暖、討人喜歡

懂得調適情緒

堅持不懈，講究均衡，有耐心

始終如一

安靜但詼諧

情緒內斂

通用人才

不急不徐

總是往好處想

不輕易沮喪

缺點

缺乏熱忱，優柔寡斷

逃避責任

自私，自以為是

太容易妥協，但討厭被人逼迫

有時候很懶

會澆人冷水

缺乏紀率

愛挖苦和取笑

列為優先的事情

愛好和平與和諧

喜歡合作

喜歡節省時間

喜歡有時間去適應改變

如何推銷你的生意和你自己

願意當後盾

宣傳你的優勢

讓人覺得你不會製造麻煩

讓人覺得你值得信賴

表現友善

表現出你個人很有興趣幫助買方

保證交易會順利穩當

如何結語

提供可將風險降到最低的擔保與保證

證明產品的穩定性和可預測性

提供支援，加點人情味在裡頭

利用買方對你的信任，指出理想的購買時機

圓型客戶

很能幹很穩健

愛好和平，容易相處

有行政能力

避開衝突

解決問題

不屈服於壓力

懂得去找最簡單的方法

是個很好的傾聽者

有許多朋友和熟人

熱情又懂得關懷別人

重視人際關係

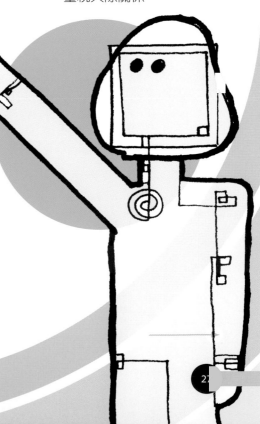

三角型人格剖析
三角型的人喜歡權力，總是不計一切地想取得控制權

優點

活力十足，積極主動

決策做成者

有錯必改

不容易打退堂鼓

渾身散發自信

能登高一呼

任何事情都有辦法管理

有強烈的改革欲望

天生的領導者

正義的一方

做決定很快

缺點

不太能容忍犯錯

會挑釁和傷人

不去分析細節

厭煩瑣碎的事情

決策輕率

粗魯無禮，應對沒有技巧

要求太高

不擇手段，只看結果

列為優先的事情

喜歡挑戰

喜歡直接了當的答案

喜歡解決問題

喜歡看見成果

如何推銷你的生意和你自己

提供方向

說明自己取得成果的方法

好好宣傳你的條件資格和過往的紀錄

如何結語

直接了當，簡潔扼要，直言不諱

推銷成果和事實真相

給買方一些選項

提供買方一些選項，好讓他們在你的控制範圍內

提供現在就行動的誘因

三角型客戶

看的是整體

希望條理和系統

要求務實的解決之道

要求快速行動

充分授權

堅持生產目標

面對異議，反而越挫越勇

不太需要朋友

強調作業任務

善於緊急應變

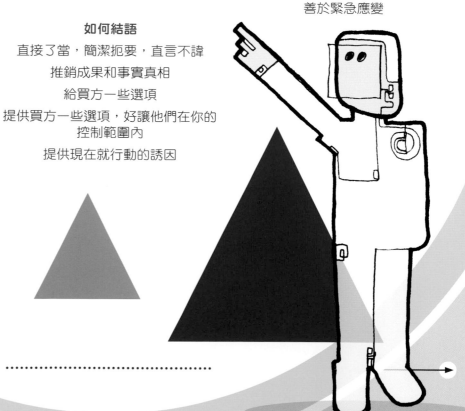

方型人格剖析
方型的人喜歡看細節，喜歡秩序和系統

優點

個性深沉，深思熟慮
善分析，講究精準
嚴肅，有決心
有藝術鑑賞力
能欣賞美的事物
忠誠
自我犧牲
理想主義

缺點

不以人為導向
選擇棘手的工作做
啟動前會猶豫不決／
再三檢查每樣事情
很難取悅
非常需要認同
對批評很敏感
不輕易流露情感
不喜歡有人唱反調
猜疑，無情
不相信人家的恭維
有殉道的傾向

列為優先的事情

喜歡周密、精準
喜歡在井然有序的系統裡工作
要求活動必須正當
要求成果必須公平

如何推銷你的生意和你自己

展現條理
從精準的具體細節裡去證實好處何在
有系統地證明好處何在
證明你可以分析和解決問題
證明你有充分的準備而且條理清楚

如何結語

提出書面的證據與資料
證明你的產品或服務為什麼適合買方
提出實證，證明你的價格公道
利用實證來說服買方現在時機正好
讓買方參與採購系統

方型客戶

喜歡按表作業
是一個強調細節的完美主義者
井然有序，組織力強
尋求經濟上的解決之道
喜歡圖解、圖表、數字和表列
蒐集資料

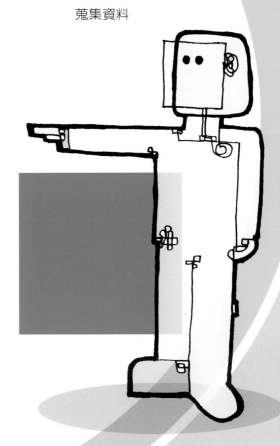

情勢分析

情勢分析（Situational Analysis）是一種有助於決定和闡明策略目標的過程，目的是要對公司、產品或服務在整個市場裡的現況作一個整體的精準判斷，過程中必須蒐集和匯整有關公司、競爭市場及所在產業的各種資料。

詳盡的情勢分析非常重要，但不是每個策略都需要你去調查市場環境的各個層面。以下幾套表格和例子將有助於你展開分析作業，至於各層面的探索程度則得視你的情況而定。**局勢分析可能涵蓋以下內容：**

- RACI
- 產品和行銷界線
- 策略動力
- 顧客區隔
- 外在趨勢
- TOWS 分析
- 考量所有利害關係人
- 接觸顧客的機會窗口
- 營運作業原則和限制
- 成長與獲益
- 風險

RACI

在考慮旗下團隊及身邊幕僚的人才組合時，RACI 是個值得一試的方法，透過它，你才能知道以下的重要角色該由誰擔綱：

- 誰**負責做事**（Responsible）：被派去工作的人。
- 誰**來承擔責任**（Accountable）：做出最後決策、責任的最終歸屬者。
- 找誰**諮詢**（Consulted）：在做出最後決策和採取行動之前，必須諮詢的人。
- 誰需要**被告知**（Informed）：做成決策和行動展開後，必須告知的人。

先確定這些人是誰，這是確保計畫可以順利進展的關鍵步驟，因為它能疏通計畫裡的「人和」因素（這可能是整個過程裡最弱的一環），確保該計畫能迅速地順利開展。

產品和市場界線

我們雖然痛恨界線，但是碰到**吸收期**時，若不想害自己被淹沒在無窮盡的研究調查裡，還是得有一定的分寸。

所以你要怎麼決定哪些市場和哪些產品或服務值得你關注？

一開始可以先列出成功的產品／服務或企業所具備的重要特質。但是你會發現其中有些特質比其他特質來得重要，所以要依序排好，根據重要程度放入加權比重。請看以下例子：

產品／服務的特質	
特質	**加權比重**
它們有利潤可賺	40%
它們有市場需求	20%
它們能提升我們未來的聲譽	20%
它們很難仿製	10%
它們符合品牌形象	10%

市場的特質	
特質	**加權比重**
成長市場	50%
市場規模	20%
了解我們提供的是什麼	15%
信譽卓越	15%

策略動力

在此你會想把注意力放在優先目標和方向上。要做到這一點，得先製作矩陣，記錄企業或產品在市場裡的現有位置，並往未來延伸。你可以從下面的例子看出目前的市場位置何在、這個位置的未來延伸，以及一組全新的位置。

這例子說明了企業未來三年的策略動力，但你可以根據企業／產品的現況及你希望看見的成果來決定下一步。

例子

第一年的優先目標
穩住現有的產品和市場，對於產品改良和市場的延伸展開調查。

第二年的優先目標
穩住現有的產品和市場，對於產品的改良和市場的延伸展開策略執行，並著手研究新的產品和新市場。

第三年的優先目標
穩住現有和延伸的產品及市場，為新產品和新市場落實策略計畫。找到企業或產品的策略動力，確保從現在起，任何活動的進行都是為了達成這些未來目標。

未來三年的方向和優先目標		市場		
		現有市場	延伸的市場	新市場
產品	現有產品	在英國單一區域的單一產品	新開發的英國版圖	新開發的全球版圖
	改良後的產品	產品的延伸新的相關產品	在新開發的英國版圖裡有新的相關產品	
	新產品	新的非相關產品		在全新的版圖裡有全新的產品

顧客區隔

說到對待顧客，一定要依顧客的類型及他們與企業的關係來決定適當的行為。舉例來說，對待老顧客的方法一定不同於對待新顧客。最簡單的方法是根據共同的購買模式（多久前購買？購買頻率？購買金額？）或人口統計資料（性別、年齡、地理區域、興趣愛好或婚姻狀況）來區隔出幾個族群，而同一族群的人在面對不同行銷活動時理當出現雷同的反應。近年來更流行依顧客對產品或服務的態度來做區隔，不再以人口統計資料為依據。要做這樣的區隔，你可能得先了解他們購買的理由是什麼？需求狀態是什麼？或者他們何時購買？

這裡有一些一般的區隔方法可供使用

顧客價值資料
- 現有的每年價值
- 回客率
- 平均購買價值
- 交叉銷售/進階交易的成交率
- 預計的未來價值
- 平均年收益
- 不同區隔下的顧客價值

活動和經驗資料
- 購買頻率
- 平均購買價值
- 不同顧客的收益率
- 詢問和抱怨

顧客資料庫一旦完成區隔，便可針對各種區隔決定正確的銷售行為。以下是幾種常見例子：

	顧客特質	行為
忠誠顧客	對新思維抱持開放態度 有漠不關心的傾向 全力擁護	主動出擊 創新 投資產品，讓它更上層樓
新顧客	機會主義者 尋找便宜貨	提供核心產品 提供外包 教育他們，讓他認識全系列的產品／服務
潛在顧客	不忠誠 不抱幻想	設法爭取他們 找出他們「潛伏休眠」的原因

外在趨勢

外在趨勢是指會對公司目前做法和未來做法造成影響的產業變遷。這些變遷包含各種可能，從政治到經濟，甚或天氣都涵蓋在內（不用說也知道天氣狀況和季節對製造冰淇淋的客戶來說有多重要）。

這些趨勢不容忽視，因為不管你有沒有注意到它們，都會對你的生意造成影響。若想提前掌握這些變化，就得密切注意社會現況與媒體報導。像 Mintel（Mintel.com）、The Future Foundation（Futurefoundation.net）和 Keynote（keynote.co.uk）這類市場資訊公司的存在，就是要幫助企業站穩時代的浪頭。

一旦找出重要的趨勢，便可攤在桌上根據它們對產品或企業的可能影響（I）以及必須監控的急迫程度（U）來評分，有效分出它們之間的優先順序。舉例來說：

趨勢	影響	I	U
不斷變遷的時代思潮	必須更主動出擊，否則會錯失機會	9	9
生活的便利舒適性	差異化 管理成本 必要的創新	9	9
開始重視成長	需要成長策略	8	6
新科技	購買新的科技經驗，可以打開更多門戶	7	7
環保主義	必要時得做評估 機會的流失	7	7

自己做筆記

TOWS 分析（或稱SWOT）

在吸收的過程當中，最重要的是整理出一個概括的想法，並進行TOWS分析（威脅點、機會點、弱點、優點）。TOWS分析有助於你以全景式角度去審視問題。或許你知道這就是所謂的SWOT分析，只不過我們重新排列了一下字母順序，把優點放在最後。

威脅點	缺點
例如 眼光不夠遠，害怕失敗	例如 內部需求擺在最後一位

機會點	優點
例如 充分發揮新興科技	例如 財務健全，利潤不錯，目標清楚

將你的 TOWS 分析填進這個表格裡

威脅點	缺點

機會點	優點

利害關係人

在做策略和規畫時,你一定要退後一步,考慮到所有利害關係人。所謂利害關係人是指那些會被行銷策略的決定直接影響到的人和團隊,以及在做重要的策略決策時,必須找來直接參與或必須考慮到的人。

例子

假使你要重新設計優格的包裝,第一件要做的事,就是去請教產品的所有相關人員,從產品製程一直到消費者為止。如此一來,才能從中發掘問題。

譬如負責將優格堆放到貨架上的零售人員,你可能會從他們的談話中了解到有很大比例的優格瓶是在堆放的過程中破損的。

這個發現可以放進你的創意工作大綱和後續的設計裡,以確保包裝的破損率降到最低。好的行銷不只要把訊息傳遞出去,還要控制住作業預算。以這例子來說,過程中找利害關係人來參與,才能查出本來可能忽略的重要問題。

誰是利害關係人	理由何在
同事	執行面的問題 優勢的來源 耳目所在
股東	企業存在的原因 可能的資金來源 管理高層的參與
最終視聽群	最終的購買者 對產品／品牌的忠誠度
供應商(包括銀行)	服務水準 策略夥伴 策略聯盟 競爭力
社群	人力來源 合作關係 員工教育

沒有人是完美的
——但團隊可以
幾近完美。

接觸顧客的機會窗口

這個過程是在分析你有哪些機會可以向顧客傳播。看似簡單，但其實很複雜。我們遇過很多公司都不太知道自己有哪些機會窗口可以向顧客傳播，即便是行銷部門。所以常常發生顧客開發小組和顧客維繫小組不同步，或產品人員、客服中心及客戶業務管理部門不同調的情形。

你應該注意到我們把客戶業務管理部門也涵蓋在內。那是因為你必須著眼於所有可能傳播的窗口，不能只看幾個明顯的地方而已。即便是寄出發票或匯款通知都是很重要的機會窗口，可惜大部分的企業都認為那只是行政流程。以下是一個簡單的練習：

- 先找出各種利害關係人，再繪出所有接觸窗口，從顧客旅程（customer journey）的起點一直畫到他們和你的交易結束為止。這張圖表盡量畫得像右圖一樣詳細。
- 等到圖表畫好了，再把這些可以溝通的機會窗口整理成一個檔案，以供未來參考。
- 退後一步，看看裡頭有沒有什麼缺口？有沒有漏掉什麼傳播機會？從顧客的角度去想。你有沒有錯失什麼機會？
- 最後再看一遍所有的接觸窗口，用紅、橘和綠色來標明處理的急迫度。

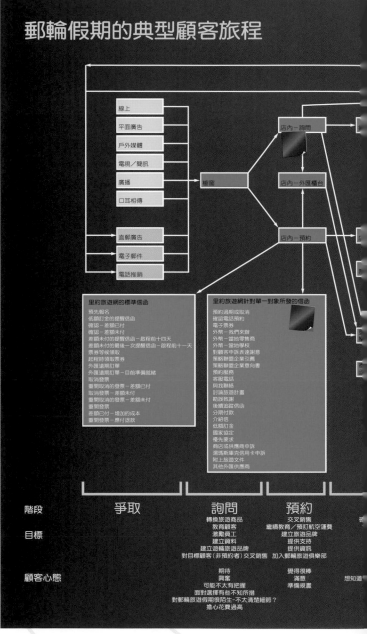

郵輪假期的典型顧客旅程

階段	爭取	詢問	預約
目標	轉換旅遊產品 教育顧客 激勵員工 建立資料 建立遊輪旅遊品牌 對目標顧客（非預約者）交叉銷售	繼續教育／預訂航空運費 建立旅遊品牌 提供支持 提供資訊 加入郵輪旅遊俱樂部	交叉銷售
顧客心態	期待 興奮 可能不太有把握 面對選擇有些不知所措 對郵輪旅遊假期很陌生-不太清楚細節？ 擔心花費過高	覺得很棒 滿意 準備規畫	想知道

里約旅遊網的標準信函
預先報名
低額訂金的提醒信函
確認－差額已付
確認－差額未付
差額未付的提醒信函－啟程前十四天
差額未付的最後一次提醒信函－啟程前十一天
票券等候領取
起程時領取票券
外匯遠期訂單
外匯遠期訂單－目前準備就緒
取消發票
重開取消的發票－差額已付
取消發票－差額未付
重開取消的發票－差額未付
重開發票
差額已付－增加的成本
重開發票－應付退款

里約旅遊網針對單一對象所發的信函
預約過期或取消
確認電話預約
電子票券
外幣－我們來辦
外幣－當地零售商
外幣－當地學校
對顧客首訴表達謝意
策略聯盟企業引薦
策略聯盟企業意向書
預約服務
客取電話
與我聯絡
討論旅遊計畫
取消致謝
後續追蹤信函
分期付款
介紹信
低額訂金
國家協定
優先要求
商店或供應商申訴
潔瑪斯庫克信用卡申訴
附上旅遊文件
其他外幣供應商

線上
平面廣告
戶外媒體
電視／簡訊
廣播
口耳相傳
直郵廣告
電子郵件
電話推銷
櫃窗
店內－詢問
店內－外匯櫃台
店內－預約

需要
緊急處理

一切
都沒問題

需要留意

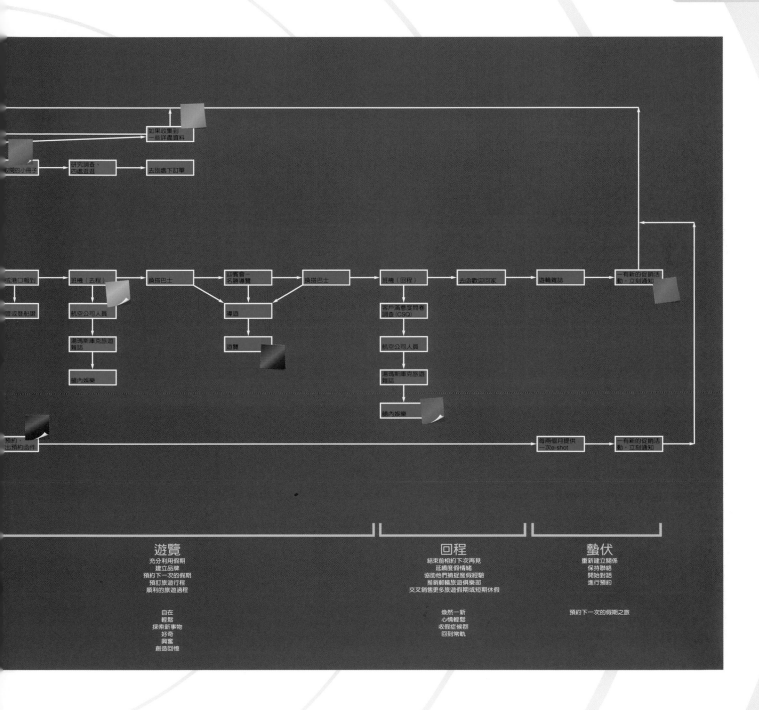

營運作業原則和限制

你的情勢分析走到這個階段，就得開始陳述出一套原則／信念，作為每日行動與決策判斷的方向指南。擬定好之後，還得設計一套辦法監督執行過程。所以在完成你自己的表格之前，請先反問自己，要經營眼前這門生意，有哪些價值很重要，你要用什麼方法證明你會遵守這些價值。

營運作業原則	證據
為了滿足明確的客戶需求，我們將在產品／服務及流程的開發上多所創新。	對產品／服務開發及市場知識多所投資。
我們一定會達到成長與獲益的目的，兼顧所有利害關係人的目標。	認識／提供新興科技。
我們向來都有清楚的方向和正式的規畫流程。	達成策略目標（永續成長）。
我們會配合企業需求為員工提供個人生涯規畫。	完善規畫的策略、營運計畫和年度預算。
我們會以誠實的態度與所有利害關係人溝通。	能力審核，全力支持個人生涯發展——訓練、考核、個人生涯發展計畫。
	每周團隊工作簡報，企業內部工作大綱／任務匯報，客戶提案。

將你的營運作業原則分析填進這個表格裡

營運作業原則	證據

成長與獲益

千萬記住，所有行銷活動都是一種投資，不是開支。所以要先考慮到公司的投資會有什麼獲益。「公司衡量的是什麼」和「衡量行銷活動所完成的目標」，這兩種是完全不同的作業。以下作業練習只著眼於公司的部分，你必須決定好你要衡量的東西。試著完成以下表格：

	去年	第一年	第二年	第三年
營業額				
利潤				
資本報酬率（R. O. C. E, Return on Capital Employment）				
股票價值				
產生的現金				
員工平均附加價值（VAPE, Value added per employee）				

行銷活動會用不同的方式來衡量，而且一定要在行銷活動開始之前就先決定好你要衡量的是什麼。有一句話說「需要你衡量的，你才會珍惜」，意思是說，如果你不衡量某件事的成效，你就不會重視這件事。不要衡量那些對你來說沒有價值的事情，因為只會浪費你的時間和資源。以下是幾個例子：

活動／成本	目標群	數量	回應量	回應比例%	訂單量	AOV*	Total I*	ROI*
直郵廣告 40,000	全新目標群	100,000	10,000	10%	7000	10	70,000	30,000

*AOV＝平均訂單價值
*Total I＝總收入
*ROI＝投資報酬──總收入減掉活動成本

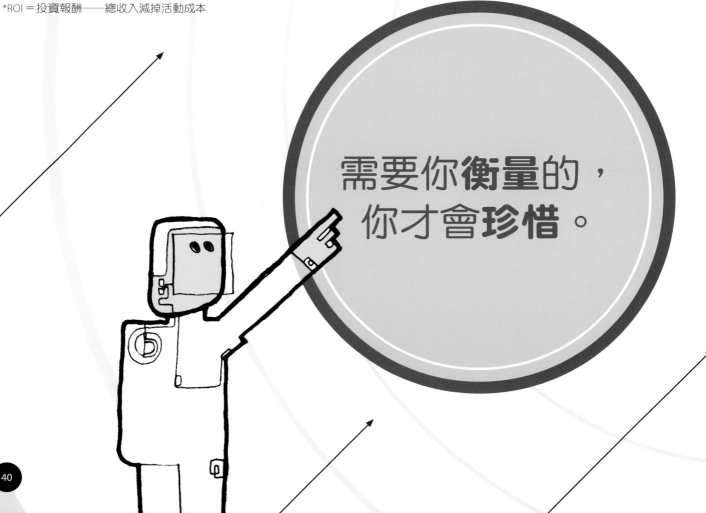

需要你**衡量**的，你才會**珍惜**。

風險

除非你的策略是在真空環境下實施，否則一定有各種阻礙有待克服才能成功，而克服這些阻礙的最好方法就是在策略過程中先發制人。

以下表格的填寫是為了確定主要策略風險的可能存在，以及應採取什麼行動來降低它的潛在威脅。你必須估算每一個風險的出現機率（可以用百分比表示），以及如果出現的話，其影響程度如何（滿分是十分）。

策略風險	%	影響程度	保護行動
產品缺貨	20%	九分	弄清楚製造商的交貨日期

要預想出可能風險或許很難，因為這種事很難預料。為了查明策略裡固有的風險，可以參考 T.O.W.S 分析裡的威脅點，還有請教利害關係人，最後再反問自己：「最糟的情況可能是什麼」？

自己做筆記

競爭優勢

企業不能活在幻想裡，若想創造出重要的優勢，就得對產業動向和競爭激烈的市場環境保持警覺。一家公司如果重視競爭市場，一定會精益求精，想更上層樓，急欲為顧客提供他們想要的商品／服務。

將主要競爭對手的清單整理完之後，你必須回答四個問題：

- 他們的目標是什麼？
- 他們的策略是什麼？
- 他們的優缺點是什麼？
- 他們可能怎麼反制你的行動？

然後你還必須深入研究整個競爭環境，找出你必須專注的層面，以下會是個不錯的起點：

- 不同地區和不同顧客類型的總市場量（單位銷售量、買方、金額價值）
- 市占率（單位銷售量、買方和金額價值）
- 競爭對手市場占有率（單位銷售量、買方和金額價值）
- 市場地位（領導品牌）
- 顧客占有率（他們占有多少百分比）
- 競爭對手的財務報表
- 顧客如何評比你和競爭對手

現在可以吁口氣了 ...

你已經完成你的情勢分析，可以坐下來喝杯茶，獎勵一下自己了。有了這些資訊，等於有了一個穩固的基礎可以開始發展自己的行銷策略和行銷計畫。

行銷目標和行銷計畫

發展行銷目標時，得先確定這套行銷策略可以和企業策略加以整合。忽略整個企業藍圖，會讓你得不到企業的資源與保證。

你需要什麼資源？

在規畫過程裡，必須釐清所需資源，包括存貨、人事、外在資源、時間和金錢。此外，也要考慮到人力資源、供應商、商品、服務品質、資金，以及任何只能從公司取得的東西。你可以回頭參考你從利害關係人那裡蒐集到的資訊，幫忙完成這一部分。

TEAM

行銷目標幾乎不脫營業額／財務目標和競爭市場目標（譬如目標市場占有率），當然，除此之外也會提出和顧客有關的目標，譬如顧客獲取率（acquisition）或留客率（retention rate）。我們會用 TEAM 這個組合字來探索目標的設定標準：

時間架構（Time Frame）
這樣的時程安排符合實際嗎？夠緊密嗎？

明確（Explicit）
目標不能含糊不明，必須言之有物。即便說明可以很扼要，還是有很大的發揮空間，因為人們很清楚自己的界線在哪裡。

可以實現（Achievable）
餅不要畫太大，因為可能害利害關係人希望落空。因為成功會孕育成功，失敗會孕育失敗。回頭看一下自己的界線在哪裡。

可以衡量（Measurable）
確保重點層面必須可以衡量，而且只有重點層面。有些人要求每件事情都要衡量，但其實沒有必要，只會浪費時間和資源而已。把你的衡量想像成飛機駕駛艙裡的儀表板，上面可能有很多刻度錶和閃燈得注意，但只有幾個值得特別留意。不過也不能忽略其他部分，只是別浪費太多時間。

傳播策略

傳播策略會明確界定出一個活動的表達內容，還有向誰表達，以及何時表達，再配上一套明確的資源和成果目標，以確保它的有效落實。以下是一流傳播策略應該涵括的幾個重要元素：

- 戰術性傳播目標
- 視聽群的挑選、剖析和區隔
- 媒體的挑選
- 顧客旅程
- 提供物（offers）
- 具有創意的定位與訊息
- 交貨和回應管理
- 預算編列與預估
- 聯絡計畫與傳播行動時間表

戰術性傳播目標

這個階段必須說明要以何種方法達成企業和策略行銷目標。反問自己：「我要靠這個傳播計畫來達成什麼？」

此外，它可以讓你預測、監控和評估哪種活動最能獲益？未來的活動應以哪個市場區隔為主？沒有確定的目標，就不要出手。

視聽群的挑選、剖析和區隔

這能幫你創造出一個適當的傳播計畫。先評估現有顧客，再利用剖析技巧找出具有類似獲利潛力的可能顧客。

提供物

挑出最適當的提供物，是行銷活動成功的必備條件，雖然細節內容可能試不同案子而互有差異，但終極目標一定是極大化提供物的認知價值。欲知如何為行銷活動找出適當的提供物，請至**直郵廣告**一章的**提供物**單元裡一探究竟。

具有創意的定位與訊息

整體的創意定位通常是在規畫流程裡形成，這樣一來才能清楚界定你的獨特性何在，傳達的訊息也才能和目標視聽群切身相關。這部分日後可以再研究調查來加以檢驗。

交貨和回應管理

這一部分的活動經常被忽略，不過它對獲利的極大化及顧客關係的維繫相當重要。以下幾點必須用心處理：

- 訂單的處置
- 付款流程
- 資料的擷取
- 詢問的處理
- 銷售轉換的處理
- 申訴的處理

預算編列和預估

這是一個持續循環的流程，在決定最後的數字之前，還需要先做幾件事。通常會先設定投資報酬目標，再決定如何在獲取顧客和留住顧客這兩者之間分配預算，接著預估這些活動的可能回應率。如果顧客數量不足以達成預訂的投資報酬目標，就得花更多的心力和投資去爭取新顧客。以新顧客為目標的活動必須按成本效益的大小順序進行，先從推薦朋友開始，再慢慢移向各媒體層面的運用。

聯絡計畫和傳播行動時間表

到了這個階段，思考的部分已經完全，剩下要做的是讓所有事情就定位（這得靠聯絡計畫），確保細節的完備，日後才好施行。

接著再製作一份簡單好用的圖表，標示出你必須採取的每項行動，還有各行動的時間點。這套**傳播行動時間表**要比聯絡計畫更詳盡，內容涵蓋：

- 各種目標類別——依市場別
- 媒體概述
- 時間排定
- 工作大綱說明日期

媒體工作大綱（Media Brief）

日期：

工作大綱說明者／聯絡細節：

客戶：

活動／產品：

利害關係人──與此案有關的所有人名清單	
客戶：	代理商：

活動日期：

大眾媒體預算（不含製作費）

1. 背景──為什麼你要寫出這份工作大綱？

2. 活動目標／媒體目標：

3. 目標視聽群：

4. 媒體方面的注意事項（礙於一些原因，有哪些媒體可能必須排除或納入）：

5. 評鑑標準：

6. 額外考量──帶有創意的訊息，地方性色彩：

7. 能讓顧客帶走什麼──你要他們想什麼或做什麼？

8. 該小心的事情──小心有哪些事情可能影響媒體？

9. 時間軸

媒體的選擇

要準確擊中目標視聽群,得先找到適當的媒體組合。這是傳播策略裡最複雜的領域之一,因為對行銷人員來說,可以選擇的媒體太多,每一個都有它的重要性,也都有它的優缺點。

各媒體都有自己的固有文化與原理,我們相信要透過行銷製造波浪,最有效的方法就是靠這些不同媒體文化的結合與互補。個別單獨研究這些媒體的原理並不難,但是要創造出最有效的波浪,就得協調組合各媒體,讓它們互相截長補短,整合一氣,為行銷活動注入完整的生命。

消費者的線上使用經驗越來越豐富,於是造成市場對互動性數位科技的需求不斷增長。產業刊物曾做過許多研究調查,探討大眾對各種媒體的態度。對行銷策略來說,找到適當媒體是件很重要的事。我們已經發現到,直效行銷(直郵廣告、郵購型錄等)和線上媒體(網站、電郵等)的多重組合,可以製造出令人驚豔的成果。儘管有效利用各種數位媒體的好處相當多,但真正的致勝關鍵卻在於線上與非線上媒體的完美結合。即便是對網路深具信心的消費者,也不排斥直效行銷,這一點可從皇家郵政集團(Royal Mail)針對網路使用者的偏好媒體所做的研究調查獲得證實:

極端自信的網路使用者

只想接觸直效行銷的人占 11%
想要同時接觸直效行銷與線上媒體的人占 55%

有自信的網路使用者

只想接觸直效行銷的人占 13%
想要同時接觸直效行銷與線上媒體的人占 60%

自信較低的網路使用者

只想接觸直效行銷的人占 19%
想要同時接觸直效行銷與線上媒體的人占 64%

從我們的經驗裡得知,人們還是肯定線上與非線上的傳播組合。請看以下的調查結果,在這個調查裡,受訪的消費者必須表明他們對下述說法的認同度:

「郵件很適合拿來證實或釐清我從線上看到的資訊。」

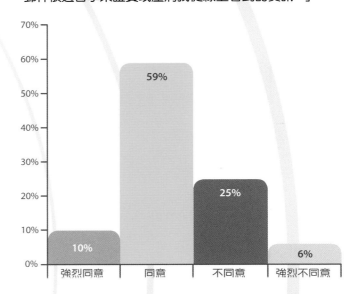

這樣的媒體組合顯然兼具兩種元素:釐清和刺激。前者很重要,因為你很難單靠一種行銷文宣就能讓所有顧客百分之百懂你在說什麼,畢竟有些人就是比較習慣接受某類媒體。這問題並不難解決,只要提供多樣化媒體就行了。至於後者,線上和非線上的組合運用可以提高消費者對活動訊息的注意,刺激他們的購買,不會因為訊息重複出現而產生疲乏問題。多樣化是行銷的調味料。如果消費者會因釐清和刺激這兩種元素的交錯運用而對線上和非線上媒體組合產生積極的反應,你當然得為你的行銷活動挑選出最能發揮這兩種元素的媒體。

本書後面的章節會逐一檢驗直效行銷所用的各種主要媒體,數位行銷也涵括在內,你可以以此為起點,找到最適當的媒體來**製造波浪**。

顧客旅程

一旦決定好行銷活動過程中會使用的媒體之後，接下來就要考量各媒體出現在顧客旅程裡的時間點和位置點，而這個旅程自然少不了**獲取顧客**、**壯大顧客**和**維繫顧客**的過程。以下是個例子：

獲取顧客

| 潛在顧客的形成
詢問者轉換成顧客
以前的詢問者 | 冷獲取（cold acquisition）：一般認為第一次接觸顧客，最好不要使用電郵。

垃圾郵件是個日益嚴重的問題。

有60%的人對電郵視不而見。

消費者認為比較適合透過郵件和電視直銷。

在獲取顧客的過程中，電郵的確扮演了重要的角色——
尤其是後續追蹤的活動期間，也就是詢問者轉換為顧客的時候。 |

壯大顧客

| 歡迎階段
二度購買
想更了解你
進階銷售／交叉銷售模式 | 線上媒體最適合作為確認之用，譬如確認訂單已經收到或正在處理中。

在旅程的這個階段裡，郵件對消費者來說也很重要，
可用來致謝、歡迎和鼓勵下次的消費。

深入了解顧客，是個重要關鍵——包括了解他們對媒體管道的偏好。

可以透過郵件和／或電郵來進行研究調查。 |

維繫顧客

| 保持聯絡
處理問題 | 雖然郵件的成本比較高，但比電郵多出八倍的可能令顧客覺得自己受到重視。

適合利用區隔式的方法（不只看媒體管道的偏好度，也看獲利性和潛力程度）來向顧客傳播。

按理說，電郵和郵件都可以用來處理顧客的申訴抱怨。

電郵適合用來確認貨品的收到與否／立即說明申訴的處理進度。

郵件較適合用來傳遞比較重要／敏感的訊息。 |

應變計畫

誠如我們在**製造波浪**一章裡提過,有很多事情會破壞策略,製造「惡浪」,所以一定要有應變計畫。為了確保我們有萬全準備,不是靠臨場應變,在籌備活動的各個階段時,都要反問自己:

「哪裡可能出錯?」　　　「要是反應太熱烈了怎麼辦?」

「要是反應不佳怎麼辦?」「要是庫存不夠怎麼辦?」

只要事先想好可能遇到的問題,便等於有了萬全的準備可以應付未來可能發生的問題。一定要全盤想清楚,但別過頭,別去想那些絕不可能發生的末日慘況。以合理的角度去設想。最後要強調的是,很少有人會想到萬一行銷做得太成功,回響大到無法招架時,該如何處理。所以千萬記住無論成敗,都有該打點應付的問題。

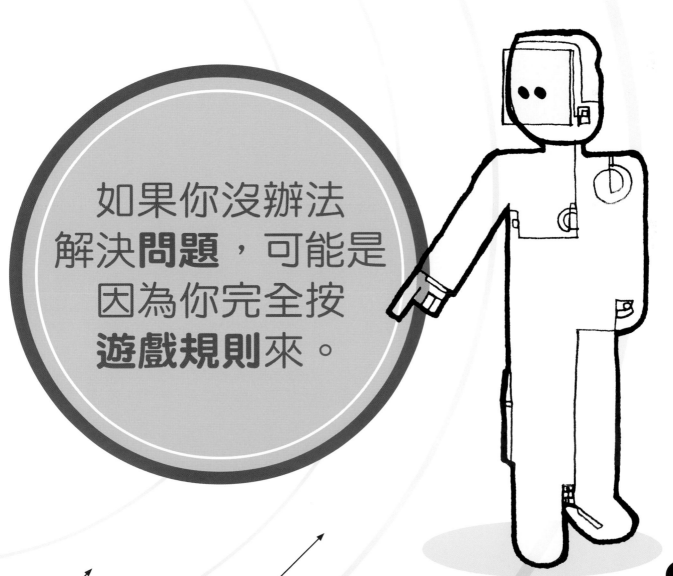

如果你沒辦法解決**問題**,可能是因為你完全按**遊戲規則**來。

引爆

大家最愛的通常是引爆階段。在這裡你可以讓腦袋無限想像，盡情發揮創意，想辦法製造另一個大熱門。但好的點子不會憑空冒出來，除非你已經準備好紮實的創意工作大綱來滿足行銷計畫。

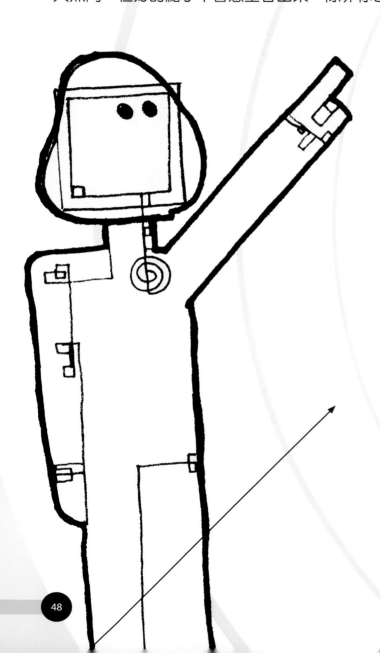

創意工作大綱激出的火花

創意工作大綱的品質非常重要，千萬不要低估——所謂**種瓜得瓜，種豆得豆**。創意工作大綱是一份文件，所有創意都必須藉這份文件來逐一檢驗。「它有吻合工作大綱的要求嗎？」這是最常問的問題，要檢討任何創意或者要做任何創意提案，都必須先面對這個問題。

要寫出好的創意工作大綱，關鍵在於有沒有做到 KiSS 的程度：保持簡短（Keep it Short and Simple）。因為整個團隊會按照你的工作大綱行事，所以你一定要為團隊成員準備好所有背景資料，細節內容放在附件裡即可。將重點精準地具陳出來，保持思路的清晰，為創意團隊引導方向。

在創意工作大綱的製作過程中，有些地方可能會遇到一些困難或壓力——尤其是主張的部分（proposition）。

重要的是，放進策略裡的點子都經過正確的詮釋，可以製作出好的創意行銷活動來捕捉目標視聽群的想像力。如果創意已經獲得大家認同，卻在執行過程中遭遇困難，那多半是因為當初沒有把創意工作大綱界定好。

你一定很熟悉米開朗基羅（Michelangelo）在西斯廷大教堂（Sistine Chapel）的壁畫，那是有史以來最偉大的藝術作品之一。試想他的客戶，也就是教皇尤利烏斯二世（Pope Julius II）會給他什麼樣的創意工作大綱：

「請在天花板上作畫」

毫無疑問的，這是米開朗基羅被要求做的事，但這種工作大綱並沒有給他任何提示去解決問題。它要這位藝術家自己去想，自己決定，沒有給他任何限制。因此最後結果可能會和教皇的想法有很大的出入。

「請用紅色、綠色和黃色的塗料在天花板上作畫」

這個工作大綱更糟，因為沒告訴他要畫什麼，反而給了些限制，卻不告知理由，這會令他心煩，無法專心工作。

「我們的天花板有嚴重的潮溼和裂縫問題，如果能把它掩蓋住，我們會很感激」
這是最糟糕的一種工作大綱，因為它還是沒告訴他要做什麼，卻給了他這樣一個不相干又令人沮喪的指示，暗示沒有人在乎他畫什麼，反正沒多久天花板就會塌了。

「請在天花板上繪出《聖經》的場景，內容要結合以下部分角色或所有角色：上帝、亞當、丘比特、魔鬼和聖徒」
這一個工作大綱比較好，因為它給了米開朗基羅一個方向，雖然這個方向沒有告訴他一個全貌，但至少可以為這件工程找出幾個重要元素。這是大多數人會拿到的工作大綱，裡頭涵括了創意工作的所有注意事項，卻少了往點子推進的下一步……往解決之道推進。

「請在天花板上作畫，目的是要榮耀我們的上帝，藉此激勵祂的子民，讓他們學會教訓」
這個指示可能最接近米開朗基羅當初收到的工作大綱。他終於知道該怎麼做了，而且這個偉大的計畫給了他靈感，於是他能盡其所能地執行細節。

總而言之，如果告知內容不夠充分，不了解目標何在，根本不可能成就偉大的點子。

創意工作大綱
完善的創意工作大綱，要有以下幾個標題：

背景
很快略述一下計畫的背景，盡量簡短扼要。詳細資訊放進附件裡即可。

目標
這是指這個活動的目標是什麼。我們想達成什麼？有些目標可能很策略化，譬如「創造知名度」；有的可能很量化，譬如「在活動期間，業績必須提升百分之二十」。以下是不能接受的目標，但卻常常看到：

「有更高的銷售量」……誰不想啊？
「製作一份手冊」……這是創意表現的必要方法，不是目標。

目標視聽群
以精簡的字眼來說明。冗長的內容請放進附件裡。

主張
能讓產品／服務／企業有別於競爭對手的一件事情。

佐證
這些佐證可以證明這個主張是千真萬確的。

希望得到的反應
你希望視聽群說什麼？通常是以這個主張下所造成的態度來說明，譬如：
主張：八月才有的降價特惠
佐證：八月期間，產品至少都有八五折
希望得到的反應：「我一定要在八月去買這些商品……一定很划算。」

創意策略
這是通往創意對策的入口，通常來自於視聽群的研究調查和後來的規畫。譬如：「多加利用組織本身具備的優勢及可信度來推動產品的上市」，「既然用過的人都對它讚不絕口，那就好好利用這種一面倒的態度」，「既然研究調查顯示，這個視聽群對這類產品的幽默表現手法反應奇佳，那就好好利用幽默這個元素」。千萬不要提供創意對策，只要給一個反應不錯的方向就行了。

創意表現的必要條件
列出行銷活動的必要條件——電視廣告、平面廣告、直郵廣告、網站等。

法律／創意的限制
以廣播媒體來說，廣告插播的時間長度要精準。
就平面素材來說，務必列出色彩數量及成品的最大尺寸。
這部分請參考企業守則、合法的廣告內容，以及條款和條件的補充說明。

預算
製作預算會限制創意作品的最後成果，所以要先知道預算是多少。別試圖隱瞞，因為沒必要浪費時間讓大家去發想一個預算內根本辦不到的點子。預算必須精準。

時間安排
製作時間表，包括創意檢討、提案和交付的時間。

好點子的創造

創意過程的推動經常不太順利，我們相信發想點子用的動腦會議，其實沒多大用處。

我們討厭動腦會議……我們討厭這個字眼，我們討厭這個流程，我們討厭它的開會方式，而且我們不認為這種會議能給我們什麼好點子。動腦會議應該被禁。

很多研究顯示動腦會議不利於點子的成形，因為會出現**認知阻礙**（Cognitive blocking）、**強迫輪流**（Enforced Turn Taking）、**騎肩法**（Piggy-Backing），以及**自我審核**（Self-Censorship）的問題。譬時你想到了點子，可是因為你得注意聽別人說什麼，以致於忘了剛剛的點子是什麼，這就是認知阻礙；還有因為必須輪流提出點子，反而害自己沒辦法專心想點子，必須分心去注意眼前的互動，才知道什麼時候輪到自己；而騎肩法是指你得承接別人的創意，繼續往下發想；最後，自我審核是指在別人面前，你可能不好意思，於是反而壓抑了自己的創意。

儘管有這麼多效能不彰的理由，動腦會議還是繼續進行，原因可能是團體發想點子比獨自發想來得有趣和容易。此外，團體也有利於創意的形成，因為團體就像一個大熔爐，可以把眾人的想法結合起來，化零為整。這種腦筋轉個彎，就能點石成金的創意是無比珍貴的，但是動腦會議的缺失還是多到折損了它的好處。為了彌補這一點，outside the box 小組決定來一些點子創作練習，這種練習必須像團隊發想點子一樣化腐朽為神奇，充滿樂趣，但又不會有傳統動腦會議的缺點。以下就是一系列的練習，可以照著做，幫助你擴大思維，創造出新的好點子。

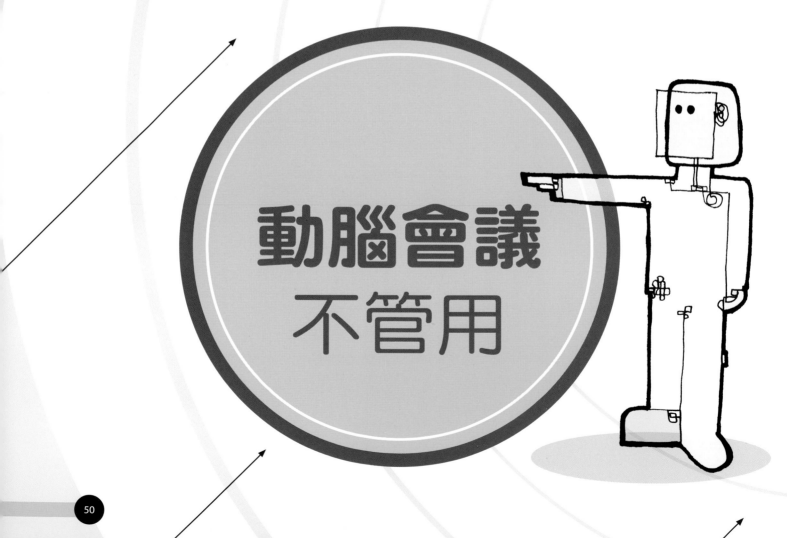

動腦會議
不管用

練習一：變形矩陣

概述

這方法很簡單：把產品或服務分解成零件，個別思索，再重新組合，找出新的對策。這是一種解構、再建構的過程。以平均每秒產生一個點子的速度來看，其他技巧都比不上**變形矩陣**。

如何運用

矩陣的關鍵在於了解屬性和選項之間的差異。屬性指的是問題的成因，所以如果你面對的問題是你得幫驚喜派對想點子，那麼屬性就是指派對的主題、地點或音樂，舉例來說，有兩個選項可能適合地點這個屬性：「船上」或「花園」。

- 針對一個目標或問題進行長考，反問自己要如何辦到或者提出辦法。譬如「如何在工作上索取更高的費用？」或者「想出點子來改進團隊作業」。
- 討論這個目標的屬性。
- 選出最佳的屬性——最好有三、四個——所謂最佳是指最有趣或者對你的目標來說最合理。
- 討論每個屬性裡的選項。一次處理一個屬性。在便利貼上寫下每個選項，貼在各個屬性底下。
- 挑出你最中意的組合。

例子

我們的目標是舉辦一場驚喜派對。我們為屬性選出了幾個最佳點子。以這例子來說，我們選了：

1. 派對的主題　2. 派對的地點　3. 派對的音樂

派對的主題	派對的地點	派對的音樂
美國蠻荒大西部	船上	爵士樂團
倫敦地下組織	屋頂天台	鋼琴演奏家
電影明星	泳池邊	卡拉OK
一九六〇年代	家裡	DJ
黑色領結之夜	商店櫥窗裡	福音合唱團

然後我們隨機選出最佳組合——或者你也可以把自覺適合的組合起來。祕訣就在於每個屬性底下所列的選項要有穩健的點子、也要有最令人咋舌的點子。要做到這一點，就得全神貫注。譬如當你想地點的時候，便專注地去想這世上各種可能的地點，別想派對這件事，單想地點就好。最後我們想出了這樣的派對主題：

在商店櫥窗裡開美國的蠻荒大西部派對，再配上福音合唱團的音樂。

自己做筆記

練習二：隨性字眼

概述

這練習是把隨性想到的字與你的創作及目標連結起來,產生新的點子。這種跳脫理性思考及理性範圍的做法,可讓你打開視野,施展創作力,強迫用不同的角度去思考。

如何運用

- 先選出一個你必須為它發想點子的主題。
- 把隨性想到的字眼寫在清單上,也可以從書上、報紙上隨性挑選,再幫它們編上號碼。
- 挑出其中一個號碼。然後好好發揮這個號碼後面的字眼——*這種挑選方式可以預防你下意識地刻意挑選與你目標有關的字眼。*
- 把你挑出的字眼拿出來,在你看來,它代表什麼?然後寫下來。譬如這個字眼是「美麗」,美麗對你來說代表什麼?它可能代表精緻、小巧或者粉紅色。
- 再利用這些代表的意義(透過聯想的方式)去激發出隨性字眼與主題之間的連結關係,寫在活動掛圖上。

等到所有點子都想光了,再挑出另一個字眼,重新開始。

例子

我們要為冰淇淋創造出新的點子

1. 我們選十二號。

2. 十二號的字眼是戰爭。

3. 戰爭代表爆炸、大火、血、傷害等等。

4. 我們要想盡辦法把戰爭和冰淇淋連結起來。

我們的點子

- 包裝的顏色可以是迷彩色。
- 冰淇淋球可以做成手榴彈形狀。
- 冰淇淋球的紋理就像是把不同口味炸在一起。
- 淋醬可以像鮮血一樣。
- 冰淇淋球最上面可以插一根火花棒。
- 當你咬下一口的時候,感覺像在嘴裡炸開一樣。

自己做筆記

練習三：腦力寫作

概述

這方法很簡單，只要三十分鐘，便能製造出一堆點子。如果在你的團隊裡有人覺得自己被其他人壓抑，這方法尤其適合，因為它可以讓生性沉默和思緒較周密的人好好發想點子。

如何運用

- 先確認你要發想點子的主題。
- 所有人圍成一圈坐下來，每個人寫出三個點子——我們發現到，如果邀請別人來開會發想點子，與會者都希望事先被告知主題是什麼。此外，我們也發現到他們通常會先準備好點子，再來開會，所以可以在會議一開始就向他們蒐集點子，免得令他們覺得挫敗。
- 與會者把自己的點子交給隔壁的人。
- 拿到點子的人看過傳過來的原始點子之後，得為它們補充價值，抑或繼續補充新的點子，然後寫在原始點子的下面。
- 不斷重複這個過程，直到每個人都對別人的原始點子有過貢獻為止。
- 全部輪過一回後，再把所有點子放在桌子中央，像團隊一樣共同討論這些點子，看看哪些點子最好，能个能再繼續發展下去。

例子

假設我們的目標是要想出一個新的冰淇淋產品。寫在紙上的點子可能有：

1. 有海邊風味的冰淇淋：因為我會把冰淇淋和海邊連想在一起。

2. 很有男子氣概的冰淇淋：能吸引男性的東西。

3. 不會溶化的冰淇淋

然後把點子傳給我右手邊的人，他再繼續補充：

1.「有海邊風味的冰淇淋」
   冰淇淋可能是貝殼形狀；包裝可以設計得像躺椅一樣；帶一點鹹味。

2.「很有男子氣概的冰淇淋」：能吸引男性的東西。
   可能是足球形狀；可以找頂尖的足球隊來做代言人，可以在足球場上販售。

3.「不會溶化的冰淇淋」
   可以採用保冷瓶一樣的包裝，保持低溫狀態；也可以是已經溶化的冰淇淋，就像優格一樣。

然後傳給下一個人進行補充，依此類推，直到全都輪過。再像團隊一樣共同討論這些成果。

自己做筆記

練習四：品牌感官

概述

歡迎進入神經科學的領域，我們發展了一套技巧，可以喚醒團隊的感官。嗅覺和其他感覺中樞信號都會被硬接到我們大腦的邊緣系統，也是情緒中心，一旦觸發，可以刺激出鮮明的記憶。這種技巧有助於視覺、嗅覺、觸覺、聽覺和味覺的感官運用，讓思維進入新奇的領域。只要問「你覺得你的品牌聞起來像什麼」，便能往外延展你對品牌的現有構想。

這能讓你有新的視野，給你新的語言和新的點子運用在行銷上。

如何運用

- 先從一張放滿刺激物的工作檯開始，這些刺激物都能激發你的感官。
- 逐一運用這些感官。
- 先從聽覺開始，請教整個團隊「這個品牌聽起來像什麼」？
- 利用刺激物來幫助自己。
- 把想像到的聲音記錄在活動掛圖上。
- 不要忘了反問自己**為什麼**會想到這個聲音。
- 用其他感官再重複作業一遍

例子

我們將這方法運用在全球最大的引擎公司艾拉普（Arup）身上，先把他們分成幾個團隊來個別請教「你的品牌聽起來像什麼」？

我們給他們一張工作檯，上面擺滿各種會製造聲音的東西，譬如iPod、氣泡包裝紙、派對吹籠。一開始團隊想出的答案都很平常：

> 電話鈴聲
> 人們交談聲
> 鍵盤聲
> 電台廣播

但經過一些訓練和素材探索之後（譬如讓他們嚐嚐氣泡糖和看一些發光物），他們開始會用其他聲音去形容品牌，不再是辦公室裡的聲音，譬如：

節拍、脈搏、電流、細碎的爆裂聲、滋滋冒泡聲、靜默聲

然後我們再換其他感官，譬如視覺、味覺、嗅覺和觸覺。最後艾拉普公司被他們形容為「一家聰明到會冒泡作響的公司」。

自己做筆記

練習五：節儉創新（Jugaad）

概述

Juggad 是一種印度傳統，意思是靠有限的資源來解決問題。最好的例子之一是柴油引擎和簡單的木製貨車所拼裝成的交通工具，這例子來自於印度，那裡也是最常使用 Juggard 這個字眼的地方。所以節儉創新法不是靠加法來創新，而是靠減法。目標是去繁入簡，把事物簡化到最純淨和最功能化的樣子。

安東尼・聖修伯里（Antoine De Saint-Exupery）對於這一點有最好的說明：「所謂完美並非錦上無以再添花，而是存菁到無以再去蕪。」

所以如果要你把商品／服務的某樣元素拿掉，而不是再添一樣上去，你會怎麼做？這會強迫你重新思索自己的主張，結果發現該拿掉的元素多半是那些有礙你創新思維的東西。

如何運用

● 先討論某產品／服務的必要元素有哪些——想想看提供給顧客的是什麼？是怎麼交付的？
● 把重要元素寫在清單裡。
● 選出你認為最基本的元素。只能選一個，而且要明確，不可以模糊。

● 現在想像這個元素被去掉了。譬如有家企業有一個直銷主力小組，想像如果這個小組沒了，你要怎麼把他們的產品／服務賣出去？
● 把你刪掉的元素告知團隊，請他們發揮創意，看看有什麼新對策，但仍要確保它的商業可行性。在思索辦法的同時，也不要忘了顧客和潛在顧客仍未被滿足的需求。

例子

如果你經營的是餐廳，你可能會考慮到這門生意的重要元素是：

● 有一個場所　　● 椅子
● 食物　　　　　● 音樂
● 有個好主廚　　● 洗手間
● 有服務生　　　● 販售酒類
● 餐桌

我們挑出我們自認對餐廳來說最重要的元素：食物。然後我們反問自己：「不烹調食物的餐廳要怎麼賺錢呢？」我們討論了這種全新生意模式的經營方式，於是有了以下的建議：「客人可以帶自己的食物來餐廳租一張桌子吃，他們必須付費用給送酒的服務生，用完餐後不需要洗碗盤。」

自己做筆記

練習六：20/20 視野

概述

20/20 視野法是叫參與者先回顧過去，再往未來移動，逐步凝聚出一個主張。

如何運用

- 先從二十年前開始，一次往前推進十年。

- 仔細研究社會、經濟、科技、政治和文化趨勢。

- 把思維推進未來二十年，和現在拉開一點距離。

- 在未來的氛圍下，好好思考某特定領域的巨大變遷。

- 針對產品／服務來討論點子。

- 把重心放在未來，別又回到現在。

- 想想看未來的顧客有哪些需求還未被滿足。

- 可能的話，試著將點子和現有的科技、市場連結起來。

- 總結幾個最佳點子，提出來一起討論。

你可以為一個二十年後才推出市場的產品／服務發想出一個廣告嗎？

例子

燃脂可樂（Coke Burn）
在這個例子裡，我們把重點放在未來的肥胖問題上，然後創造出一個產品，這產品已經從零卡路里進化到每喝一罐便能確實燃燒五百卡路里的地步。它的超炫包裝強調了這一點。

自己做筆記

要有好點子，
最好的方法是
先有**很多點子**。

鞏固

鞏固階段必須把引爆過程中所想出的點子集合起來,從中挑出最好的。這個過程和點子的發想一樣困難,因為要挑出點子繼續發展和投資,是需要冒點風險的。因為你怎麼敢確定沒被挑中的點子不會讓你一夜致富?

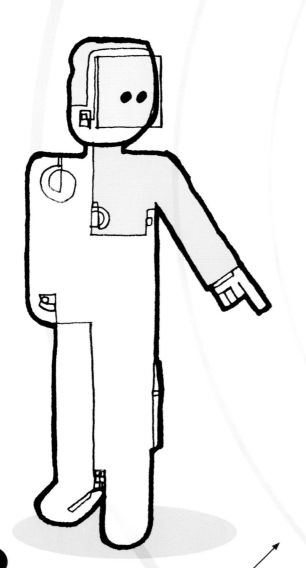

遺憾的是,出眾的點子向來可遇不可求,所以要挑出一個最適合繼續發展下去的點子,那就更難了。為了讓事情好辦點,我們通常會借助想像和經驗法則來檢視這些點子,它們的品質和務實性便能立見真章。我們有兩套系統,分別是**矩陣**(Matrixes)和**關鍵性成功要素表**(Critical Success Factor Table)。這名稱或許不夠炫,但會給你一個結合了常識與直覺的具體結論,所以絕對是決策過程裡一個關鍵元素。通常我們會利用這些方法來過濾點子,再針對過濾出來的點子展開研究調查。

在你進行其中一套系統之前,必須先做好幾個準備:

- 要知道你的創意工作大綱是什麼,並在鞏固過程裡隨時帶著它。

- 把重心放在創意工作大綱的幾個要素上,譬如
  目標視聽群
  目標
  主張

- 訓練自己像消費者一樣反應。

- 先去除自己先入為主的觀念。我們知道這部分很難做到,可是保持心態的開放,才會有更好的成績。

- 點子就像還沒長大的小孩,需要滋養、需要關注、需要一點愛。不要太早扼殺還不成熟的點子。

矩陣

矩陣是最快又簡單的方法，可以幫你釐清這些點子彼此的關係。首先幫所有點子編號，然後思索成功的活動所必備的兩個條件是什麼。譬如製作成本和原創性。畫出兩條正確的軸，這一點很重要，所以一定要先想清楚兩個必備的條件是什麼，建議你回頭檢視創意工作大綱，並思考一下目標，接著就可以像下面圖表一樣寫在軸線上。

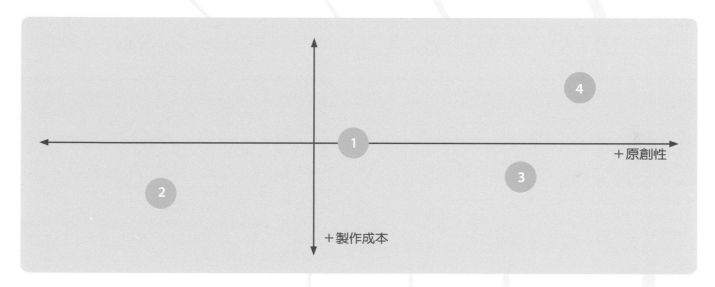

請教利害關係人，幫忙你做出判斷。這方法的好處在於它能強迫你承認最好的點子會顧及到很多因素，拿捏其中平衡，而不是只有單方面特別出色。以這例子來看，點子4就有這個問題，它的原創性分數非常高，可是在製作成本上卻表現不佳。就是這樣，方法雖然簡單，卻很有效！

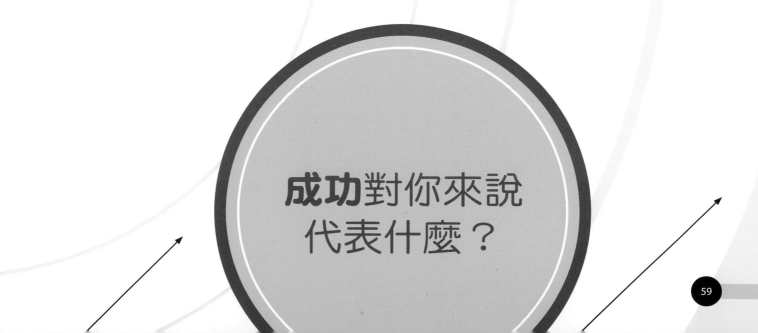

關鍵性成功要素

關鍵性成功要素表比矩陣來得複雜,但能讓每個點子都得到一個有效分數。它著重的是這門生意的基礎所在,並依據這些基礎的重要性附上加權比例,最後計算出結果。

第一步是先決定點子的成功必須靠哪些關鍵性要素。這部分最好請教利害關係人,也就是在這門生意裡各有不同專精的一群人,這樣一來,才能面面俱到。譬如如果我們要為現有品牌創造出新的冰淇淋,關鍵性成功要素將會是:

- 獨特性
- 神奇的元素
- 製造成本
- 市場規模
- 趣味性
- 容易販售
- 容易分享
- 吻合品牌形象
- 全家人都喜歡
- 互動／有趣

這份清單說明了消費者的經驗、品牌本身和製造過程,但在我們看來,稍嫌長了點(清單裡最好只有四到六個要素),因此下一步是適當刪減它的數量。方法不難,只要去掉次要元素,或者把互有重疊的合併在一起。我們決定把「全家人都喜歡」和「容易分享」合併在一起,因為已經成家的人可能喜歡購買可以分享的大容量冰淇淋。清單縮減之後,就變成這個樣子:

- 全家人／一起分享
- 互動／有趣
- 市場規模
- 吻合品牌形象
- 獨特性／神奇
- 製造成本

整理好之後,下一步是號召團隊,請他們為每個元素配置百分比例。同樣的,團隊裡的每個人都得參與決策過程,藉由討論、辯論、投票及妥協來分配各要素的加權比重。如果有任何人覺得其中比重應該調整,就要提出來,設法說服其他人支持。舉凡事實論據、研究調查和經驗法則都應據實提出,直到各加權比重近乎客觀為止。共識越大,成果越佳。

關鍵性成功要素的空白表格

在冰淇淋的例子裡，我們決定「全家人／一起分享」這個元素最重要，因此給它 25% 的加權比重。緊跟在後的是「獨特性／神奇」以及「市場規模」，因為冰淇淋的口味必須夠原創，才能在市場上獨樹一格，而且還要有夠大的市場量才能獲取最大的利潤。加權比例決定好之後，我們製作了以下的表格：

關鍵性成功要素	加權比重	A點子	加權分數	B點子	加權分數	C點子	加權分數	D點子	加權分數	E點子	加權分數	F點子	加權分數
全家人／一起分享	25												
互動／有趣	15												
市場規模	20												
吻合品牌形象	15												
獨特性／神奇	20												
製造成本	5												
總計	100												

為了完成這個表格，我們會在最後一個階段依各點子在不同元素裡的表現加以評分。同樣的，這部分也必須經過討論、辯證和協商，以十分為滿分的原則下進行評分。現在最棘手的部分已經解決，接著是把各點子的分數乘以加權比重，加總起來便是最後總分。

關鍵性成功要素	加權比重	A點子	加權分數	B點子	加權分數	C點子	加權分數	D點子	加權分數	E點子	加權分數	F點子	加權分數
全家人／一起分享	25	8	200	5	125	7	175	9	225	8	200	8	200
互動／有趣	15	5	75	8	120	9	135	7	105	7	105	9	135
市場規模	20	4	80	2	40	5	100	2	40	5	100	4	80
吻合品牌形象	15	9	135	4	60	4	60	9	135	7	105	4	60
獨特性／神奇	20	7	140	8	160	8	160	5	100	9	180	4	80
製造成本	5	7	35	9	45	4	20	8	40	4	20	7	35
總計	100		665		550		650		645		710		590

　　以這個例子來看，E點子贏在「全家人」和「獨特性」這兩個元素上。有了這樣的結果，就可以繼續發展下去，確定手邊正在開發的冰淇淋概念是最優的。不過比較明智的做法是運用你的常識來做決定，不要盲目跟從這些結果。做好決定，挑好點子之後，就該進行下一步動作，把概念化為實際的行動。

　　這套模式不僅對點子來說很管用，也可運用在企業的一些決策上，譬如市場定位。最後要記住的是，別把沒選上的點子全丟了，因為未來可能還派得上用場。那些原創性得到高分，但可行性慘遭滑鐵盧的點子，或許等製作成本降低了，便可付諸實行。

行動

既然前三個階段吸收期、引爆期和鞏固期已經完成，現在該把所有注意力轉移到行動上，規畫出最好的辦法來傳播點子。在這個階段，你會更專注在一個方向上，去蕪存菁多餘的元素。

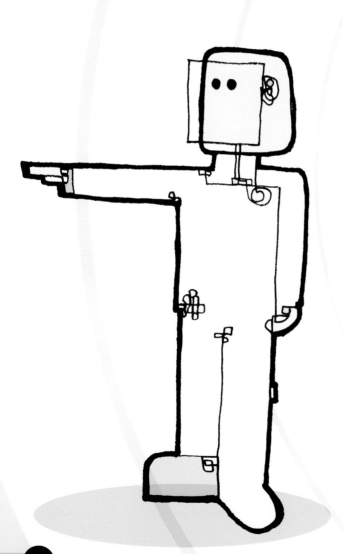

任何活動沒有完整的時間表、預算和工作大綱，是不可能展開行動的。你的**聯絡計畫**（請參考**吸收期**單元）此刻就成了聖經，因為詳細的執行過程都在上頭。其中有些元素是你和團隊可以獨力完成的，但大多還是得靠供應商及其他外在因素的配合。務必花點時間去挑出好的供應商，不只要能力好，也要和你有工作默契。

看見它、感覺它、觸摸它

利用以下簡單技巧去勾勒未來會對你很有幫助。然後把這個作業任務分成幾個部分來處理，記錄各部分的必要行動是什麼。你甚至可以利用這方法逐步完成未來的計畫。

1. 先想像一個未來的時間表。
2. 設想這個計畫的結局，把它放進時間表裡。
3. 將時間表按天數、周數或月分來分，然後把這個完成的計畫記在心裡
4. 想像每一天、每一周或每個月的任務都會按時完成。想想看若要完成這個計畫，每一天、每一周或每個月應完成的工作是什麼。一邊想，一邊記下這些行動。
5. 現在用你的想像力把最後一幕影像拉近，濃縮這份時間表，試想這個行動意謂什麼，需不需要做什麼更動。
6. 想像你看見這個計畫已經完成，產品也設計好，並製作出廠，賣進市場。你看見它被擺在店裡貨架上，許多顧客嚷著要買它。報表上的利潤可觀。
7. 想像工作終於達成，現在你只需要展開行動。

另一個方法是，你可以拿幾張紙來代表時間表。把紙放在地上，每張紙各代表一個時期，最後一張紙代表完成的計畫。在紙上寫下為推展這計畫所必須完成的重要任務，然後在紙上實驗，將其中幾張挪近一點，或者去掉其中幾

張，這有助於你們討論如何更快達成目標。

點子的創造固然重要，但要付諸行動，賦予它們生命，也一樣重要。有了令人印象深刻的傳播策略之後，工作大綱的說明便成了確保點子具體實現的重要關鍵，因為普通的點子如果執行得當，絕對比一個執行不當的點子擁有更好的機會。

因此值得你投資某種可以勾勒出計畫性階段的軟體，並可隨時程演進和預算變動隨時更新現況。掌控好計畫的各個層面，是成功的必備條件。

資料行動計畫（Data Action Plan）

基本上，企業的責任就是要不斷提升行銷投資的獲益率，而且只能透過持續的試驗和改進才能達成。沒有資料處理技術和紮實的資訊資料庫，便很難在行銷上有出色的成績。

在 outside the box 裡，我們有一種三階段式的資料管理辦法（欲知資料蒐集方面的資訊，請參考**直郵廣告**一章）。首先，先打好**基礎**（Basics），再**提升**（Enhancing）資料品質，最後尋求資料的**創新**（Innovation）。

基礎

你的目標應該是充分利用和開發你的資料功能，才能創造出綿密的**顧客關係管理**（Customer Relationship Management，**簡稱CRM**）和顧客獲取計畫，達成真正的**投資報酬率**（Return on Investment，**簡稱ROI**）。這部分的基礎沒有打好，是不可能有好的投資報酬率。整個基礎過程相當於一種資料淨化和標準化的過程，此舉將能為日後行動建立紮實的基礎。它包括了以下部分或全數過程：

淨化資料

把地址資料拿來和郵政住址檔案（Postcode Address File，這是一種數量最龐大且資料最新的地址資源）做比較，找出並更正品質不佳的聯絡資料，藉此淨化和標準化住址的細節內容，確保資料都是最新的。

確認

你可以把名字和住址拿來和現有的選舉人名冊做比對確認，並在以電話確認仍有效和已失聯的號碼。

去重複

這是淨化資料的過程，找出重複的資料，移除它們。

中止

你可以利用**親人喪亡登記**（Bereavement Register）來比對，也可以與**郵件優先服務**（Mailing Preference Service）及**電話優先服務**（Telephone Preference Service）做過濾比對，確認失聯的人（已經死亡或者已將自己從郵寄清單裡清除的人），予以中止。這是必須經常執行的基本作業，可確保資料檔案的完整性和合法性。

在這個階段，你可以為現有資料補充以下完整或部分的個人基本資訊，提升資料品質：

- 性別
- 年齡
- 婚姻狀態
- 居住時間
- 個人收入
- 地理——人口資料

你也可以看看歷年來的顧客資料，這通常關係到 RFM，RFM 是 Recency、Frequency 和 Monetary Value 的縮寫：

- **最近購買日**（Recency）：顧客最近一次的購買是在什麼時候？
- **購買頻率**（Frequency）：他們多久購買一次？
- **購買金額**（Monetary Value）：他們一次購買多少金額？

此外你應該補充：

- 購買的產品類型？
- 顧客是否因誘因的刺激才行動？
- 顧客是因哪個傳播管道才行動？

資料的創新

一旦完成前述幾個步驟，開始為這些資訊定期補充資料，便有了基礎架構可以做更精密的資料運用。而第一步就是先搬出稍早在吸收期所界定過的顧客區隔，將這些區隔運用在所有資料裡，以便依據以下因素來勾勒這些顧客群的面貌：

- 他們是誰
- 他們的職業是什麼
- 他們會購買什麼
- 他們用什麼方法購買

● 他們在什麼時候購買

精準的顧客分析資料有助你找到獲利性最高的顧客以及更多的顧客，才能充分運用你的商品知識，看準時機，提振業績。此外也有助於你找到適合的媒體進行測試。

紮實的顧客資訊也能幫忙提供完整的 CRM 策略，而這套策略可以確保你透過最適當的傳播管道，釋出正確的訊息，告知提供物是什麼，擊中正確的目標顧客群。然後再利用 RFM 分析來確認出手的時機，多久出手一次，並根據獲利性來算出值得為他們投資多少錢。

合作夥伴聯盟（Affinity Partnerships）

有了精準的顧客分析資料，才能對外尋找目的相同、顧客群特徵類似、但互無競爭的品牌來組成**合作夥伴聯盟**。你可以趁他們有郵寄活動時搭個順風車，或尋找機會和他們交換郵件名單，兩種方法都能節省成本。你可以找顧客購買態度類似的品牌一起合作。譬如很晚才訂購的人所用的手機可能是儲值卡的，這說明了他們的花錢態度以及風險的看法；至於提早訂購的人可能都在付分期付款。這些資料能給你很大的幫助。你應該利用這些完備的資料來定期整理報告，才能不斷學習和累積新知。要落實有效的資料管理作業，必須具備一定程度的作業能力，因此企業往往得面臨該外包還是自己處理的抉擇。

回應的預測及分析

至於可能的回應率和轉換率，就得活用自己的經驗與知識。但因為這些數字會受許多因素的影響，因此必須利用一種預測性的模式作業工具來考量各種情境與變數。在你展開計畫之前，就得先運用這些情境，因為你必須確定這個計畫的經濟狀況是可行的。

這種資料管理流程必須持續進行，定期重訪每個階段，確保資料的最新狀態。這工作看起來好像不輕鬆，但因為完整的資料是行銷的基礎元素，所以該花的時間和資源都不能少。不過它另外有個好處，那就是它能成為你的收入來源，因為行銷世界向來對內容詳盡的乾淨資料有很大的需求，所以能為你創造額外收益，然後再以這筆收入來資助新的行銷活動。

讓計畫獲得核准

要執行活動，最重要的是先獲得核准。不管你是在廣告代理商還是內部推銷，都得證明從策略到規畫、從創意到活動籌畫等在內的所有元素都是有邏輯和品質的，也證明你有能力按工作大綱、預算及時間表來執行活動。

我們研擬了一份具有十三個要點的核對清單，能幫忙你獲得核准。

1. 基礎工作的奠定

要向別人推銷你的計畫，大部分工作其實得在正式向別人提案之前就先進行。為了確保你提出的計畫不會遭到否決，有幾個步驟可以先做：

- 先送一些東西給與會者，提醒他們就快提案了。送的東西要有創意而且要相關。
- 去瀏覽他們的部落格，寫點有趣的東西在上面。
- 搜尋有關這家公司的趣事逸聞，在提案時神來一筆。
- 務必確保這些行動能吸引他們的注意，如果沒人懂你在做什麼，就沒意義了。

2. 整體概念

你準備的提案都會先有一個工作大綱，但與其按工作大綱的要求來做，倒不如放眼去看更寬廣的前景，利用你在吸收期蒐集到的所有資訊來發想新點子，延伸你的工作大綱，證明你有能力也有那份心要把事情做得最好。

3. 認識與會者

不是每個人聽到的提案內容都一樣。財務主管看的事情就銀行經理不同，所以你必須先確定誰來與會，以便適度調整你的語調和內容。

4. 你要如何提案？

你要用輕鬆的方式提案？還是很正式的方式？這決定得視

你的案子性質而定，同時也得看你是向誰提案。找個完全不知情的人來看你排演，是個不錯的點子，因為當局者迷，旁觀者往往能幫忙你，讓你的提案更完美，或至少加以潤飾。提案方式往往比提案內容來得更重要。

5. 快速推銷
一開始先用所謂的電梯推銷法（Elevator Pitch），也就是把你的提案內容濃縮在一分鐘內。在進入主題之前，先告訴他們成本多少；為什麼有市場；如何推銷；向誰推銷；預期的反應和投資報酬。

6. 從對方的角度來看事情
一般人往往太過強調自己的想法，以致於忘了考慮客戶想從你的提案裡得到的究竟是什麼。要彌補這一點，得靠你的同理心，還有試著去了解你提案的對象最在乎的其實是他們的行銷投資會不會有不錯的報酬，所以務必在案子裡提到這一點。

7. 道具
利用 Powerpoint 來提案，效果向來不錯，但因為是虛擬的，對客戶來說會有距離感。可能的話，搬出一些實際道具讓客戶可以握在手裡，以彌補這方面的缺憾。

8. 製造驚喜
在提案過程中，製造驚喜的時刻，絕對很值得，意思是在案子裡放進一些令人驚豔的東西，也許是首度公開一門新生意、一個新點子、一個優惠條件，或者抓準時機釋放氣球或煙火，製造一點聲光效果。

9, 人數取勝
一個人唱獨腳戲很寂寞，最好有兩、三名成員可以在必要時加入討論，尤其是回答問題的時候。你選的成員必須有助於議程內容的均衡，彌補你的不足。如果你很年輕，就找位「年長一點」的人來坐鎮，多少提升你的可信度。

10. 這絕對和你有關
再怎麼樣，人的面子最大，所以說點你自己的事吧，這樣會讓客戶對你有好印象。但別花太多時間聊你自己，畢竟這不是世界小姐選美，只要很快地介紹一下自己，以及你對這個計畫熱中的原因，就能讓客戶對你有好印象。

11. 誠實＝上策
千萬不要搬出一塊大餅來唬人，他們可能早就聽過了，反而應該做足功課。若是團隊裡沒有人知道問題的答案是什麼，就老實承認，致上歉意，承諾你的下一個任務是把這個答案找出來，再繼續進行你專業的提案。

12. 你有照工作大綱的要求去做嗎？
務必確保你的提案內容證明你完全遵照了工作大綱。在整個提案過程中，你要不時提醒自己這一點。因為只有當客戶感覺到你確實有想到他們的要求，是照著大綱去做，才算加分，也才有資格向他們提出建議。

13. 你要留下什麼 ？
提案過了一天之後，與會者可能忘了提案內容的百分之九十八，所以一定要留點東西提醒他們。可能是列印的內容、創意腳本、電子書，或任何可能喚回他們記憶的東西，包括你在會中提供的資訊以及你的提案風格。

再利用

再利用的意思是衡量活動成果，將成果資訊反饋到下一波活動的吸收期裡。

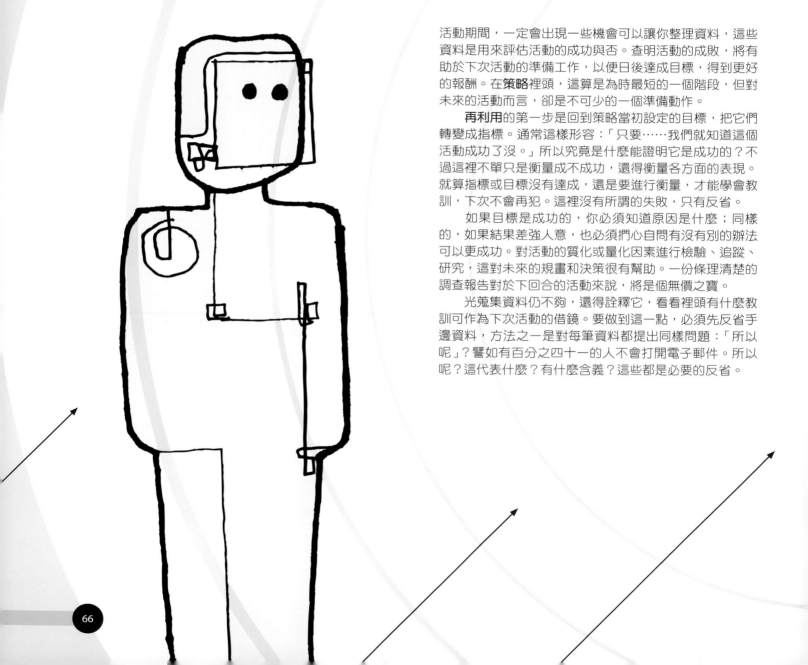

活動期間，一定會出現一些機會可以讓你整理資料，這些資料是用來評估活動的成功與否。查明活動的成敗，將有助於下次活動的準備工作，以便日後達成目標，得到更好的報酬。在**策略**裡頭，這算是為時最短的一個階段，但對未來的活動而言，卻是不可少的一個準備動作。

再利用的第一步是回到策略當初設定的目標，把它們轉變成指標。通常這樣形容：「只要……我們就知道這個活動成功了沒。」所以究竟是什麼能證明它是成功的？不過這裡不單只是衡量成不成功，還得衡量各方面的表現。就算指標或目標沒有達成，還是要進行衡量，才能學會教訓，下次不會再犯。這裡沒有所謂的失敗，只有反省。

如果目標是成功的，你必須知道原因是什麼；同樣的，如果結果差強人意，也必須捫心自問有沒有別的辦法可以更成功。對活動的質化或量化因素進行檢驗、追蹤、研究，這對未來的規畫和決策很有幫助。一份條理清楚的調查報告對於下回合的活動來說，將是個無價之寶。

光蒐集資料仍不夠，還得詮釋它，看看裡頭有什麼教訓可作為下次活動的借鏡。要做到這一點，必須先反省手邊資料，方法之一是對每筆資料都提出同樣問題：「所以呢」？譬如有百分之四十一的人不會打開電子郵件。所以呢？這代表什麼？有什麼含義？這些都是必要的反省。

不過分析不要太過頭，免得變成所謂的**分析麻痺**（Analysis Paralysis），意思是過度關心分析結果，反而沒考慮到活動其他地方。過度分析會製造出一堆無用的資料，不僅浪費時間，也掩蓋了真正有用的資訊，讓人難以發現。若是不想陷入這種泥沼，一定要確定你的資料是值得做進一步檢驗的，譬如各種業績指標、認知的變化，以及不同消費人口所做出的回應。最後一點是，不要浪費時間和精力在衡量作業上，除非你打算投資時間和心力去分析衡量作業後的結果。

反省你學到的教訓，而且不要忘了日後**運用**。

品牌塑造

在消費者的感情和理智裡，
好品牌是有生命的。

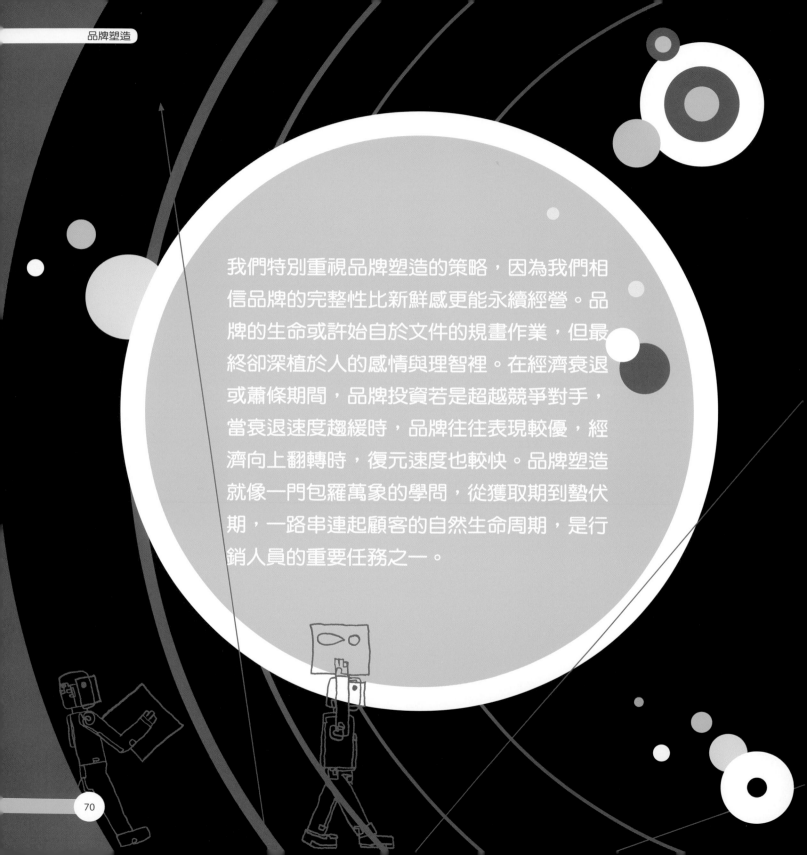

我們特別重視品牌塑造的策略，因為我們相信品牌的完整性比新鮮感更能永續經營。品牌的生命或許始自於文件的規畫作業，但最終卻深植於人的感情與理智裡。在經濟衰退或蕭條期間，品牌投資若是超越競爭對手，當衰退速度趨緩時，品牌往往表現較優，經濟向上翻轉時，復元速度也較快。品牌塑造就像一門包羅萬象的學問，從獲取期到蟄伏期，一路串連起顧客的自然生命周期，是行銷人員的重要任務之一。

為了打造出強韌的品牌，我們創造了二十四個階段性流程，
橫跨五個時期：

品牌的浸淫
確認你現在的品牌地位。

品牌的定義
檢視你的主要動因和訊息。

品牌的鞏固
確定品牌的主要屬性，透過適當的品牌架構予以闡明。

品牌的行動
研擬和落實內外行動計畫。

品牌的追蹤
建立基準點，展開長期追蹤。

直郵廣告

不可少的行銷組合之一

郵件比電郵
多出八倍的可能
讓顧客有受重視
的感覺。

資料庫檔案的補充

除了開發資料庫之外，還有其他很多方法可以取得聯絡資料。若公司已有基本的資料庫，可以和另一家機構交換資料，這也是所謂的**合作夥伴聯盟**。這些聯盟關係通常發生在意圖相同的兩家公司身上，因為他們的目標視聽群雷同，但產品互不競爭（譬如滑雪假期旅行社和冬季運動用品公司），所以能共同合作，互取所需。

注意事項

另一個可以輕鬆取得更多聯絡資料的方法是**贊助問卷**（Sponsored Questions）。做法是由公司付錢，在調查問卷裡多放一點相關問題——最常見的問題是：「你的保險何時續約？」

一旦開始蒐集顧客資料，每當出現新的互動，就應該更新。可能的話，每位顧客的購買記錄都要完整，包括多久買一次？買什麼？花多少錢等。除此之外，也要記錄每位顧客與郵件、電話推銷、電郵或其他傳播形式的接觸頻率，如果是其中一種活動讓購買行為產生，也要做成記錄。這類資訊非常管用，可以幫忙你找到獲利率最高及最可能接受直效行銷的顧客。

最後，所有行銷人員都要小心一個法律上的問題，那就是**資料保護**（Data Protection）。個人資料的使用是一種複雜又微妙的程序，處理不當的話，問題會很嚴重。切記在製作任何郵件時，一定要提出免責聲明，提供顧客辦法，讓他們有機會決定加入或退出。可惜我們無法在這本書中詳述所有法律細節，若想了解最新的法規資訊和建議，可請教**直效行銷協會**（Direct Marketing Association，簡稱DMA），或連上 www.dma.org.uk 或 www.makingwaves.co.uk 網址查詢。

誠如前述，你也可以購買郵寄名單。市面上有兩類名單可供購買：**直效名單**（Direct Response Lists）和**匯整名單**（Compiled Lists）。直效名單是由個人和企業組成的名單，他們都曾回應過郵件、平面廣告或其他媒體的直效行銷活動。如果你找的是某特定類型的回應，不妨購買針對那一類型回應所整理出來的直效名單，譬如購買某產品、訂閱某刊物、捐錢作公益或推薦朋友等這類回應。過去的行為是未來行為的可靠指標，所以如果他們過去曾回應過類似活動，很有可能也會回應現在的活動。因此，直效名單對直郵廣告活動來說非常管用。

匯整名單的內容包含了個人和企業的詳細資料，這些資料都是從公開或未公開的資源裡取得，譬如工商名錄或電話簿。市面上的匯整名單會根據你要求的區隔方式做出不同匯整，通常是依特定地理位置和人口資料（性別、年齡、職業等）予以匯整，或者將這類因素予以結合匯整。譬如你可以要求一份倫敦地區三十五歲以上的女性名單。此外，也可以購買和個人生活方式有關的匯整名單。這些資料都是透過調查或從問卷裡取得，裡頭包括個人嗜好、運動習慣、報紙訂閱習慣和其他因素。至於企業對企業行銷，則會指定某類領域的企業名單，或者依所在地、工作頭銜和企業規模等其他標準來指定名單。

租用郵寄名單

若要購買郵寄名單，建議你去找名單仲介人購買。名單仲介人是這方面的專家，他們會針對特定需求和預算，化繁為簡地整理出最適合的名單，也會負責處理租借名單的行政程序。此外找仲介人幫忙，還可為前述的資料保護法律問題多鍍上一層保障，這對想要放心行事的企業來說是很重要的。

仲介人的薪水由名單銷售公司支付，不是由買方支付，所以他們的服務是免費的──或者至少表面看起來是免費，因為服務費用已經涵蓋在名單的價格裡。但你千萬要記住，仲介人終究是為賣方工作，所以你有責任提出嚴苛的問題，以確保買到的是優質的名單。

你可能想從這裡開始提問：

名單裡的收件人對以前的行銷活動究竟有何反應──他們是直接購買還是只是詢問？你必須知道名單裡的這些收件人過去是如何回應促銷活動，因為不是所有回應都具有同等價值。做出購買的回應行為顯然比只是同意試用產品，卻沒有真正購買的回應行為來得更具價值。

這些收件人最近一次回應直效行銷活動是在什麼時候？這一點也必須查清楚，因為即便是過去經常購買的人，如果最後一次購買距今已久，表示他們的環境有了變化，或者他們的聯絡資料不正確。換言之，比較近期的購買者才有價值。

這些收件人回應直效行銷活動的頻率如何？回應頻率關係到名單品質。如果名單裡的收件人過去經常回應促銷活動，那麼未來也較有可能回應類似的活動。

收件人過去回應直效行銷活動時，花了多少錢？這答案很重要，因為它有助於你估算這份名單的價值，此外也能告訴你他們可不可能購買產品。如果名單上收件人的平均購買金額是五英鎊，那麼產品定價是兩百英鎊的企業恐怕無法從這份名單裡獲得任何利潤。

這份名單最後一次檢查過期資料是什麼時候？隨著人們的遷居，名單很快會過期，這對直郵廣告活動的獲利性來說是有害的。假使公司有百分之二十的郵件寄錯了住址，那麼儘管這個活動再有創意，都不可能得到好的報酬。一份好的名單會經常做淨化動作──也就是檢查過期資料，適時更新──達到百分之九十五以上的**成功投遞率**（Deliverability Rate）。

有多少家公司曾試用過這份名單？其中又有多少家試用後繼續租用？當然，如果有同類型公司成功運用過這份名單，就代表同一份名單也可能為你的活動帶來很高的回應率。如果有很多不同的公司都試用過，而且還續租用，表示成果不錯，而且如果同一家公司一再選用同一份名單，則表示這份名單的報酬率很高。但你必須小心一件事，同一份名單被用了太多次，可能會出現郵件疲乏現象，因為同樣這群人可能不願再繼續反覆購買。

若能多留意以上問題，就能掌握名單的品質，日後的直郵廣告活動也才有更高的成功機會。不過在你同意租用整份名單之前，最好先製作五百份左右的郵件進行測試，以確保這份名單能達到你要求的成果。

直郵廣告包裝的創作

在設計郵件包裝時，就像其他直效行銷媒體一樣，個人化是很重要的關鍵。所謂行銷就是給人們想要的東西，並且在他們想要的時候給他們，所以郵件越個人化，便顯得郵件越重要，投資報酬通常也越高。因此要充分利用每位顧客的資料，從包裝的各個層面去反映顧客的喜好、興趣、地位及交易歷史。這聽起來好像所費不貲，但如果能巧妙運用雷射印刷──在完成初步印刷之後，才加印適當資訊進去──就會很划算。

說到個人化媒體，價格更昂貴、手法更新奇的當屬**數位印刷（Digital Printing）**。這種印刷可以將郵件的個人化發揮到極至，譬如收件者的姓名可以被寫進他們可能前往的度假勝地風景裡，也許是沙地、也許是海上或天空。同樣道理，這方法雖然昂貴，卻能帶給收件者一種幾近唯他獨尊的感覺，因此可能會有很好的投資報酬。

在郵件裡多加一層空間，也就是所謂的 3D。當郵件被打開時，突然有另一樣東西跳出來或站起來，或者加上一點感官內容物，譬如聲音（會發聲的生日卡）、紋理質地、氣味和味道，這些都能讓收件者對你的郵件回味無窮，獲得廣大回響。市面上雖然有可食用的紙張和墨水，建議你還是靠試用品去取悅收件者的味蕾，別叫他直接試嚐郵件本身的味道。

傳統上直郵廣告裡都會有一張信函、一份冊子、還有可以把這兩樣東西裝進去的信封。但現在的直郵廣告精緻多了，花樣也更多了，你可以根據 CRM 旅程走到哪個階段及顧客的價值多寡來選擇各式組合。舉例來說，低成本的大量單件式傳單最適合寄給花費支出少、獲利不高的大量現有顧客。充分利用不同設計式樣，創作出不同郵件，視 CRM 旅程的不同階段，套用在不同類型的顧客身上。

我們製作了一些單元來討論郵件的傳統元素，不過還是要強調，郵寄活動的格式也可以像產品和媒體一樣原創和千變萬化，放膽嘗試不同方法，只要是在合理範圍內。

外包裝

除非收件者終於打開你的郵件，否則你的活動不算成功。要鼓勵收件者打開郵件，其實有一些技巧。首先你的外包裝不一定得是傳統的信封，這也是為什麼我們把這單元命名為「外包裝」，而不是「信封」。譬如可以把整份郵件當作信封來使用，就像「明信片」一樣；或者採另一種單件形式，將它對摺成兩張，外頁是住址，內頁是行銷文案。一般人常會收到大量的直郵廣告，他們的直覺反應都是扔到一旁。經驗告訴我們，百分之四十五到六十五的直郵廣告郵件沒被拆過，原因取決於郵件的重要性與吸引力，因此給他們一個願意花時間拆封或者多看一眼外包裝的好理由，就成了一件很重要的事。你需要有一種能立即產生效應的設計。

要引起興趣，方法之一是只透露郵件的一點內容。如果外包裝幾乎是空白的，收件者便無法確定這封信是不是廣告信函，於是很可能拆封查看它到底重不重要——當然重要，因為這是一封找對目標收件者的郵件。此外，這一招也很適用於企業對企業的行銷，因為企業裡的門房——接待員、秘書、個人助理——可能會先檢查郵件，才轉交到收件人手上。如果郵件的推銷企圖太明顯，可能過不了這一關。外觀看起來正式且重要的郵件，有較大機會穿過這層關卡。再者這種設計的另一個好處是製作成本便宜，所以也算是額外的利多。

另一種極端做法是活潑大膽的設計，利用鮮豔的色彩和搶眼的圖片來凸顯外包裝的設計，再加上預告性文案（Teaser Copy）來鼓勵收件者打開外包裝。

在這兩種極端之間，仍有許多不同程度的折衷辦法。你可以選擇沒有預告性文案，但像有趣的外包裝，或是在大片留白的信封上使用預告性文案。如果你選擇在外包裝上印製圖像，別忘了背面也需要印，因為你無從知道這封郵件是以什麼方式被擱在桌上或地板上，如果你希望這封郵件在任何情況下都是最搶眼的，就得讓郵件的背面也像正面一樣搶眼。

此外，也可以考慮把品牌識別放在外包裝上，通常是放在左上角，如果又剛好是收件者熟悉和信賴的品牌，這一招尤其管用。其他值得一試的方法包括不同尺寸的外包裝（超大或超小尺寸的郵件都可能吸引收件者的注意）；以另類方式印刷收件者的名字或住址（以筆直的方式印在外包裝上，或者利用可透視信函的窗口技巧或多重窗口的手法）；或者想出一些古怪獨特的點子，譬如材質改為塑膠而非紙張，或者信封的印刷上下顛倒或前後對調。這裡沒有任何具體規則，你必須自行去了解有哪些可用的方法，找出最能吸引某特定人口的設計樣式，不斷測試各種選擇，以便極大化投資報酬。

信函

對多數人來說，信函是用來閱讀的，它提供了一個理想的平台來說服收件者相信郵件裡提供的好處，予以回應。無論是想刺激現有顧客，提升購買價值或頻率，抑或說服那些從未聽過這家公司的人做出首度購買，你的信函樣式都得視品牌、顧客人口特性及活動目的的不同而調整。金融服務業寄來的直郵廣告信件，風格可能完全迥異於健身中心或兒童玩具店的廣告信函，因此在寫任何文宣之前，先確認你的目標顧客群是誰，才會有合宜的設計和文案。從眾多的案例裡可以看到許多可運用的信函元素。

標題

直郵廣告信函通常都有標題，這代表你有機會一開始便對收件者表明主要好處，立即抓住他們的注意和興趣，而且一看到它，就能大概了解後續文案的背景。標題必須精簡說明收件者可以得到的重要好處，可能的話，直接稱呼收件者的名字，此外也可以利用副標題來提供額外資訊。

注意事項

另一種標題和副標題的製作方法是，在頁面上方利用兩或三個逐點式的短句來總結這封信的基本訊息。

稱呼語

稱呼語越個人化越好，千萬不要使用標準的某某先生／小姐台鑒。稱呼語要視品牌和人口特徵而定，它可以不拘小節，因為一點點的改變，就能影響整封信的基調（譬如嗨，約翰，而不是約翰先生台鑒）。如果從資料庫看不出是否能使有很個人化的稱呼語，不妨改用預設性的稱呼語。譬如假使名字或性別無從查證，就改用另一種友善的方式（不必管性別）：親愛的芳鄰或親愛的音樂愛好者。

開頭語

稱呼語過後，主文案裡的第一句或前兩句話必須立刻抓住讀者的心，這一兩句話的內容必須比標題詳盡，足以解釋收件者所能得到的好處。盡量用一句話來讓讀者進入狀況，所以與其從你的公司開始談起（「我們何其有幸能提供⋯⋯」、「我想讓你知道一些和優惠有關的⋯⋯」），還不如立刻點出產品或服務的好處來得有效（「你可以更輕鬆地開車回家，只要⋯⋯」、「你今天就能省下好幾百英鎊，只要⋯⋯」）。此外還有一種很有趣的開頭語，那就是向收件者提出問題，譬如「你想充分利用自己的銀行戶頭嗎？」這等於將郵件的個人化技巧進一步延伸，和收件者建立對話，這對行銷來說非常重要。收件者可能都還沒想過他們對自己的銀行戶頭滿不滿意。

文案風格

一般來說，最好使用短的單字、短的句子和短的段落。除非你確定你只針對受良好教育的人展開行銷，否則千萬不要自以為收件者的閱讀能力很高，盡量使用普羅大眾都能懂的簡單語言，去除累字贅詞，寫出精準、易讀、強而有力的句子。要像《太陽報》（The Sun）的寫法，而不是《泰晤士報》（The Times）。

此外段落不要太長，因為收件者若是看見段落太長，可能會不想閱讀。把文章分成幾個小段落，甚至利用多重標題、頁邊空白的註解，以及內文裡的粗體或斜體文字來點出每段內容，以利讀者瀏覽。理論上，讀者應該要能一眼看出信中的重點訊息。雖然利用的是簡短的詞語、字句和段落，但信的內容不必太短。因為如果他們覺得這封信與自己切身有關，而且寫法令人信服且容易理解，自然會找時間閱讀這封長信。

誠如前述，信的寫法要考慮到收件者，而不是賣方。無論什麼時候，都要強調你提供的好處；它能為收件者做什麼；它能帶給他們什麼感受；為什麼它會讓他們的生活更輕鬆或更快樂或者省多少錢，諸如此類。多數人看信的時候只喜歡看到企業提供的好處，而不是企業介紹。有個方法可以檢驗這封信是不是以讀者為重心，計算一下「你」或「你的」這兩個字的使用次數，並與「我」、「我們」或「我們的」這些人稱代名詞做比較。前者的出現次數應該比後者多才是。但這並不表示行銷文宣不應該提到企業的背書或善舉，只是提的方式要讓人覺得這對顧客是有好處的，譬如「買了我們的產品，便等於幫助我們保存婆羅洲的自然資源」。

注意事項

每個活動可以製作出不只一封信件。如果資料庫的資料區隔做得好，便可以反映在文宣品上，瞄準不同區隔市場的收件對象。

呈現方式

信件要容易閱讀，字的尺寸一定要夠大，字體要一致，讀者才不會混淆。此外，不要在有色背景上印刷文字，會對易讀性造成反效果。說到有色背景，有一點要注意，那就是你很難在黃色背景裡進行雷射印刷，所以不管什麼類型的行銷文宣，如果要添加個人化色彩，最好不要使用太

截至目前為止，多數顧客偏好的聯絡方式都是郵寄加線上這兩者的組合。

陽、黃水仙、小鴨子之類的黃色圖片。

Outside the box 的原則是，信要有信的樣子。我們從測試中得知，只要能配合活動，傳統格式的信件（齊線字體、等距段落、信紙反面再寫、日期、稱呼語、附筆等）猶勝過其他格式，建議你可以照這種方法來做。其他像逐點列出、星號標示及編號等表現方式，也都有助於人們瀏覽信件。

附筆

附筆（也就是 P.S.）是信裡頭的重要部分，可用來重申重要訊息；強化行動號召；或者提醒讀者這個活動的時間有限。雖然是放在信的最下方，卻是直郵廣告信件裡閱讀率最高的地方（我們曾拿 Direct Holidays 度假郵件廣告做有 P.S. 和沒有 P.S. 的對比測試，結果有 P.S. 的效果較佳），所以最好把 P.S. 放進去，確保空間的充分利用。

P.S.

P.S. 裡的內容不應該是新的內容，而是重申信裡頭的重要元素。

小冊子

有些直郵廣告會附帶一本小冊子，用途很多，不適合放進信函裡的詳細技術資訊可以放進冊子裡，也可以在冊子裡進一步闡述信函裡提到的事實與數據，包括有利收件者的可能好處以及老客戶的推薦。此外還可以放一些吸引人的

圖片或照片來示範產品，有助收件者想像產品的使用方式及可能好處。

要收件者打開冊子閱讀，必須給他們一個好理由，通常這可以靠搶眼和令人信服的封面設計（最好連封底也是）來達成。在封面直接點名好處何在，也是個不錯的點子，能引起收件者的注意。這通常需要靠一些細膩的技巧，譬如引人注意的圖像配上簡短的邀請文字，請收件者翻閱內容。冊子本身的視覺設計一定要能打動人心。

如果信函本身已經能成功地引起收件者的興趣，現在他們應該會更想了解產品，所以這本冊子應該利用照片、圖片和其他影像來強調產品的好處。也可以利用圖解和圖表來呈現其他資料，使內容易讀好懂，刺激想像。

雖然詳盡和技術性的資料可以利用小冊子來闡明，但它就像你的信函一樣，也必須分成幾個小單元，利用簡單的文字來表達，句子要簡短，要有標題和副標題、妥善運用粗體和斜體字、內容逐點列出、利用不同色彩的內文來幫助閱讀。此外還要加點能號召行動的文字，才不會錯失機會提醒讀者立即購買，而且購買方法簡單方便。

雖然小冊子的內容因產品類型、預算、收件者是現有顧客或潛在顧客及其他因素而異，但還是應該要：

● 有一個單元專門放顧客的推薦、好評和獎項。

● 有一個小單元詳細說明公司專長、經驗和過去的成功歷史。

● 完整介紹產品，包括它的歷史、用途、好處，以及優於競爭品牌的地方。

● 闡述收件者能得到的好處，並詳細說明價格、付款方式、截止日期、聯絡資料，並再次號召行動，解釋收件者可透過哪些方法回應這個活動，或許可以在冊子裡加印回應的機制。

● 有一個地方要注意，那就是冊子的製作方式一定要讓顧客覺得有留存價值。要做到這一點，就要讓這本冊子在沒有其他補充性文宣品的情況下，仍有自己的留存價值，換言之，如果收件者未來還想訂購，並不需要保留郵件裡的所有東西才能訂購，只要有冊子就行，因此，

冊子裡一定要有必要的條款、條件、聯絡資料，以及空白訂單。

注意事項

要延長小冊子在收件者手中的使用壽命，還有另一個好方法：就是在裡頭印有時效的折價券——譬如一月一日到二十八日，A產品打七五折；三月一日到三十一日，B系列產品買一送一。這會讓冊子在某段期間變得特別好用，因此更具有留存價值。

郵件裡的其他元素

誠如前述，沒有具體規則要求郵件裡必須放什麼，不過建議你可以試放一些優惠條件、少見的花招和點子來捕捉收件者的注意力，同時示範產品、服務或品牌的優點。

提供物

光是告訴收件者產品或服務是什麼，還不夠，必須給他們一個好的理由或誘因願意回應。最常見的技巧是提供折價優惠，而優惠的表達方法很多，譬如九折、買二送一、免費送貨到府。這些好處對消費者來說都一樣，卻能為你帶來不同的投資報酬。你的目的是要提高認知價值，所以舉例來說，小孩同行免費，往往能讓顧客感覺物超所值。

注意事項

所謂的提供物不一定是折價優惠，也可能只是單純的附加價值。甚至有一些提供物是不花成本的，譬如地勤人員提供優先登機服務。

其他類型的提供物還包括買就送贈品；提供抽獎機會；買就送配件；紅利點數；如果訂閱性的產品，就提供免費試閱期或有折價優惠的試閱期。另一種方法是聯絡現有顧客，提供誘因，請他們推薦朋友購買。方法很多，一般來說，都是先小額獎勵提供朋友資料的顧客，如果他的朋友完成購買，再提供更大的獎勵。而這位朋友也可以參與這類獎勵辦法。此外為了讓潛在顧客安心，通常會提供無效

退費的保證，並訂定期限，催促行動，或者聲明存貨數量有限或先到先服務。

注意事項

小冊子不只是直郵廣告的一部分，也是提供折價優惠的一種管道，就算包裝物裡的其他東西都丟了，印有折價券的小冊子還是能留存使用。因此這些折價券一定要印上行動號召的明顯標語，如果是附在任何文宣品裡，也必須容易撕除，而且要詳印和這優惠條件有關的說明內容與細節。

顧客推薦

通常大家對推銷員都是避之唯恐不及，直郵廣告也不例外。不管你把產品或服務的好處解釋得多令人信服，天生就是猜疑性動物的消費者還是會對行銷物件的內容半信半疑。名人背書和顧客推薦是解除這層疑慮的有效方法之一，因為同儕意見絕對勝過於廣告文案，不管後者多具有說服力。你可以在信裡放進顧客的滿意推薦，讓讀者放心，也讓文宣裡的聲明更顯說服力。如果是對企業行銷，最好列出從以前到現在的客戶名單，強調其中幾個赫赫有名的品牌，這一招尤其有效。此外，也可以提到來源獨立的殊榮或好評，以及任何對你有利的線上投票或調查結果。

號召行動

行動的強烈號召可以鼓勵收件者接受你的提供物。即便郵件吸引了讀者的注意，也讓他們讀完了整封信，對提供物產生了興趣，但如果看完之後，卻只把這些文宣品擱在一旁，不立刻採取行動，很可能就從此遺忘。因此要想辦法讓他們立刻行動，向他們說明有什麼直接簡單的方法可以立刻取得這個提供物。給他們一個早點回應的理由——也許是截止期限或者存貨數量有限，抑或只是提醒他們越早購買，越早享用——不然很可能就做不到他們的生意了。

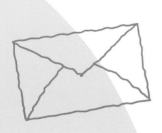
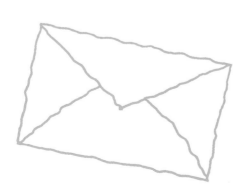

跨媒體整合

激惱

直郵廣告必須克服的最大問題，是你得從信箱裡的眾多郵件中脫穎而出。有個辦法是透過下意識的激惱和中斷來達成目的。雖然激惱收件者不是件好事，但有些形狀和模式的確會對人類造成下意識的干擾，引起注意。人的腦袋喜歡秩序，喜歡看見直線、對稱和一致的角度，任何干擾都可能引起收件者的注意。

這個方法也可以某種程度地運用在其他媒體上，只不過要製作L型的電郵並不像製作L型的郵件那麼容易。但你可以利用一些不對稱的模式或其他創意來引起視覺上的干擾。或者提供收件者方法去解決這種干擾，藉此鼓勵他們採取行動，譬如把郵件裡的一小塊地方打上齒孔，方便顧客撕除，順手回應。又譬如可以在電郵裡的某個古怪東西上放進連結，只要游標碰到，這個古怪的東西就會變得正常。

單件式郵件的外包裝

想像你的郵件在收件者信箱裡的一堆郵件中是什麼樣子。你有兩秒鐘的時間來製造效果。最好的方法是透過搶眼的形狀、訊息或圖像。

夢寐以求的畫面

主訊息加上緊急行動的號召

無法投遞時的處理說明

擺放品牌名稱和條件的好地方

留出個人化的空間

行動號召

一個隱而不祕、可以放置條款和條件的好地方

郵票黏貼處

醒目的影像

直郵廣告裡的信函

信函是郵件裡的重頭戲，它必須總結整個活動，透過文案與視覺上的提示，讓讀者產生共鳴。

可強化效果和令人嚮往的相關圖片

克服消費者的風險疑慮

顧客推薦更添可信度

交叉銷售其他服務

強力號召行動

強調行動的主標題，強而有力

由副標題來引導方向，帶出主訊息

利用P. S. 來補充更多細節

手寫式的註解可吸引目光，增添一點個人化的味道

條款和條件放在最底部

個人化

獨樹一格的個人化郵件可以激起收件者的興趣,提升郵件的價值與重要性。收件者對你的關注越久,便越有可能購買,而個人化就是達成這個目標的最好方法。

個人化的引言

傳達有利個人好處的訊息,
來個臨門一腳

個人化

個人化的做法很昂貴，但它所提供的機會是無限的。好好利用它，你會得到很高的投資報酬

全彩的個人化設計，創造整體美感

顧客的詳細住址

用閒聊的口吻
來拉近距離

巧妙運用顧客居住的街名，
製造出真實的臨場感

你的郵購型錄要想不同於其他競爭對手，另一個方法是提供折價和優惠。當然如果你郵購型錄裡的價格已經比競爭對手低很多，這絕對是個好賣點。但畢竟這不是多數企業經常有的作為，因此你應該想想有沒有別的優惠辦法；特別的付款方式；或者其他你負擔得起、競爭對手無法提供的誘因。以折扣價招待第一次購買者，這點子也不錯。這種交易不太可能有很高的利潤，可是一旦購買了，而且看到服務很有效率、值得信賴、產品令人滿意，就很有可能成為經常性的購買者。這方法也很適合用來爭取新顧客，但如果服務令人不滿意，也很容易流失顧客。

還有很多方法可以誘引顧客，你必須先調查一下競爭對手的手法是什麼，才能找到有別於他們的做法，其中可能包括優惠的付款方式、產品附贈免費配件等。

注意事項

這裡有幾個和提供物有關的點子，或許可以讓你有別於其他競爭對手：

抽獎是最直接的做法，但顧客往往持懷疑態度。如果有家公司提供只要買商品便可免費抽獎，而競爭對手並沒有舉辦類似活動，那麼顧客便沒有理由不去購買前者的商品。

買多就送是指只要購足一定金額，便有現金折價，或者像買四送一這類優惠，顧客價值會因顧客決定做出購買而瞬間提升。

提供下次購買的現金優惠也是一個好方法，這可以鼓勵第一次購買者再度上門。

聯合促銷是指幾家公司集結旗下商品，共同提供優惠（譬如某航空公司與某連鎖飯店合作促銷，提供住宿優惠），這可以幫忙找到彼此要找的顧客。

完成競爭對手的調查之後，可以再多做一些消費者調查和測試來確保你沒有遺漏任何縫隙。市場定位測試相當於現場顧客調查，應該伺機使用，以確保企業的方向完全吻合消費者的期許與需求。欲知更多這方面的詳情，請參考**測試**一章。

另一個方法是強調服務的品質。迅速的交貨服務、方便顧客追蹤送貨進度的工具、可透過不同媒體（譬如網路或電話）下單購買，這些都是應該涵括進來的標準服務，可以在郵購型錄活動裡強調。而這中間的訣竅就在於你要比對手更優、更強、更快，確保每位顧客都知道這家公司的特色是什麼。

如同商品和提供物，郵購型錄也必須在品牌形象的塑造和型錄的設計上不同於競爭對手。這雖然比不上價格低廉或產品一流的訴求賣點，但品牌的認知的確會影響人們的購買決定。如果你的郵購型錄可以表現出你的公司比競爭對手更創新、更尖端、更時髦或更有趣，顧客就會想透過你的郵購型錄下單購買，即便你提供的優惠不及競爭對手——欲知做法，請參考**品牌**一章。

要有條理組織

條理分明的郵購型錄可以讓人更容易找到他們要的商品，並有效集結類似或互補的商品。首先，基本目錄通常放在跨頁的右手邊，這裡也是多數讀者搜尋的起點。通常你會把郵購型錄分成幾個不同單元，每個單元都有它要強調的類別，每個類別也都有自己的顏色代號，方便讀者搜尋。雖然商品的分類方式視產品而定，但有一點很重要，那就是你的商品分類方式一定要讓有興趣購買某商品的顧客，也能就近找到可能感興趣的其他相關商品。這是最標準和合理的郵購型錄編排方式，因為這可以讓顧客更容易找到他要找的商品，同時又能秀出其他相關商品，鼓勵他們再添購。但是你不可能把每樣相關商品都放在隔壁或更近的位置。所以解決方法是，善用**交叉銷售的訊息**（Cross-Sell Messaging），清楚標出相關商品的位置，提醒讀者如果想買電氣產品類裡的電視，或許也需要添購家具類裡的電視櫃。你可以在圖片上為商品配對，譬如把電視放在電視櫃上拍成照片，這樣一來看到電視的顧客會忍不住按你照片上的標示去家具類看看，反之亦然。

注意事項

有件事雖然大家都知道，但還是要再強調：最受歡迎的商品，要放在郵購型錄裡最顯眼的位置，也就是所謂的「人氣位置」（Hero Positioning），這對人氣商品的推銷來說十分重要。

商品分類

商品分類的方法很多。若是郵購型錄賣的是家具，可以把家具分成椅子、桌子、床、沙發等不同類別。完善的分類有助於型錄的編輯，也方便顧客搜尋。另一種分類方式是根據它們適合擺設的房間來分類，譬如大人房、小孩房、餐廳等。這種分類法對顧客來說可能更有幫助，但問題是有些商品適合擺放的房間不只一個，所以可能需要在不同類別單元裡都做標示。處理郵購型錄的人氣單元也像處理人氣商品一樣，必須把它放在最顯眼的位置，換言之就是前面一點。

設計

我們第一年做生意時，有個客戶叫《Le Club》，是走高級路線的一本法國時尚雜誌，想要開拓英國的市場。他們採用了看似合理的方法，在設計上模仿當時人氣最高的郵購公司之一：雅芳（Avon）的郵購型錄。但問題是，雖然這個客戶的e商品和提供物都堪稱上上之選，但是走雅方的設計模式並無法在視覺上為顧客帶來昂貴和獨一無二的時尚感，使得顧客難以理解這個品牌，完全不受吸引，郵購型錄的成績自然也不理想。

我們從這裡學到的教訓是，設計對行銷來說非常重要，郵購型錄裡的每一個小節都要符合品牌風格，千萬不要禁不起誘惑，模仿其他成功的品牌。每個層面都要反映出品牌的風範、願景和個性（欲知更多詳情，請參考品牌一章），所有的行銷文宣才會風格一致，品牌個性才會鮮明。而最重要的一點就是色系的選擇。你使用的色系一定要吻合其他地方使用的顏色，譬如網站或直郵廣告信件，這樣一來，人們看見郵購型錄才會立刻連想到同一個品

牌。但強調品牌並不代表你可以犧牲郵購型錄的外觀和辨識度。舉例來說，商品照片一定要放在淺色背景裡，才能凸顯商品本身，抓住讀者的注意。

茶几價值〈coffe table value〉

雜誌的讀者人數通常比購買人數多，因為雜誌放在屋內的各個地方（可能在茶几上），方便大家隨手翻閱。若想為郵購型錄注入一點茶几價值，可以在型錄裡加點生活常識或生活小幫手之類的資訊，或者一些評論和引人矚目的照片，這樣一來，看在非購買者的眼裡，這本型錄才具有裝飾價值和吸引力。把名人放進郵購型錄裡，可以讓它變得更像本雜誌，更具有茶几價值。

封面

一般來說，人們在信箱裡收到郵購型錄多半會瞄一眼，看看裡面有沒有特價商品。有些人甚至會特別要求你寄來，如果是這種情況，製作郵購型錄就不必像做直郵廣告般在意如何激發收件者的興趣了。但是封面設計若是夠搶眼，除了能鼓勵收件者多看幾眼之外，也絕對比無趣和太專業冷僻的封面來得奏效。封面除了要有搶眼的照片和影像來引起讀者的興趣之外，更要清楚明白地解釋型錄裡面賣的是何種類型的商品。如果是收件者不太熟悉的全新郵購型錄，這一點尤其重要。你必須在封面上用一句話來概述型錄裡的商品類型，譬如全家人的運動用品，再列出幾個最有人氣的商品作為補充。

郵購型錄
已經被我放在
桌上好幾個禮
拜了。

有時候光是表明有商品正在拍賣還不夠，你需要給顧客一個好理由打開郵購型錄。要做到這一點，就得讓他們注意到這裡提供了一或多項好處，譬如優質的顧客服務、特價優惠或獨家特賣商品。封面的功能除了是要鼓勵人們打開探索內容之外，也要搬出人氣商品作為號召。經驗告訴我們，登在封面的商品往往有高出好幾倍的銷售量，所以你一定要好好利用這塊寶貴的空間來推銷顧客最可能感興趣和對你來說最有賺頭的商品（也許只有兩三樣）。此外，這方法也等於在告知讀者，這本郵購型錄裡還有很多同類商品。

注意事項

許多郵購型錄的封面都會放一個人或一群人正在享用商品的照片，或者使用該商品後所表現出來的迷人風采。如果是這種設計，最好讓模特兒的眼睛直視鏡頭，才能吸引讀者。

封面也是你開始號召讀者展開行動的大好地方。而且整本型錄都要騰出一些醒目的位置方便你號召行動。先從封面開始，這樣才能讓讀者很容易找到相關資訊。這類細節常因為要設計出漂亮搶眼的封面而遭到忽略。至於像季節和日期等訊息也應該在封面裡找地方放。另一個好方法是用**橫幅標語（Banner）**來裹住封面，吸引讀者的目光，引起他們對新產品、特價優惠或其他相關好處的注意。

辭彙解釋

所謂橫幅標語是指可以裹住型錄的一小張卡片，上面印有訊息。

頁面編排

只要能以簡單搶眼的設計來呈現商品、襯托品牌形象，必定能提高郵購型錄的效果。而元素之一就是頁面的編排。這裡要注意的，是你必須放進很多商品，但同時也要給每個商品足夠的圖片和文案空間來說明和示範，如何拿捏這

兩者，是你必須面對的問題。我們稱這問題為**推銷／說明之間的平衡拿捏（Sell and Tell Equilibrium）**。在此同時，你還得根據商品的人氣度和獲利性來決定它所占空間的大小。此外也別忘了給新產品一點亮相的機會。

商品可以放進方塊狀的標準格式裡展示，譬如每頁都是一組商品，加上逐點列出的說明文字。雖然這種設計看似無趣和工匠，而且沒有足夠空間放具有說服性的推銷文字，但好處是方便讀者閱讀與理解。你當然也可以利用較輕鬆和多變化的編排方式來呈現商品，譬如連續幾頁介紹不同商品，再騰出一整頁甚或跨頁的空間來表現某個重要的特定商品。此外，也可以改用在一張照片上呈現多種不同商品，而不是眾多商品的獨照。自由的編排方式能帶來更大的彈性空間，方便你把焦點放在特定商品上，同時也有助於打破郵購型錄裡的固定形式，讀者才不會因版面的千篇一律而感到厭倦。但如果執行不得當，這些沒受到嚴格控管的編排方式，有時也可能會增加讀者尋找商品的困難度。但不管採用哪種方法，我們都要再三強調，不要忘了號召行動。

圖像

郵購型錄的頁面編排完成之後，接下來最重要的設計可能就是圖像了。圖像可供你從各個角度去展示商品，必要的話，請示範商品的使用方式。郵購的最大問題是，消費者從未接觸過實體商品，看不到也摸不到，這和逛商店的經驗大不同。因此你必須提供高畫質的圖像，讓讀者覺得幾乎可以感受到真實商品的模樣和使用的感覺。因此最好使用照片而不是圖畫，除非是為了示範商品的使用方式。但秀出商品的使用方式和秀出正在被使用的商品，這兩者是有差別的。後者一際要以照片來呈現，因為這是一種很有效的推銷手法，可以拉近讀者和實際商品之間的距離，所以不能單靠一張虛有其表的圖片。服裝郵購型錄便是最好的例子。找一個有魅力的模特兒來表現服裝商品，絕對比只單秀衣服來得更具吸引力。

不過也有些商品不需用到圖像，譬如你是跟營造公司做銅線生意，可能只需標出各種銅線的規格即可，照片只是多餘，徒增成本，還占據了本可移做它用的空間。在工作大綱的說明裡，企業大多會提供圖片的運用指南，要求你遵守。這是為了確保品牌的完整性，因此它會告訴你品

牌商標的使用方式或標準色是什麼。舉例來說,當 outside the box 在和博姿公司(Boots)共事時,就被告知:「我們是國家級的化學家。」因此我們必須確保設計內容完全吻合這個要求。因為有「國家級」和「化學家」這兩個字眼,所以圖片一律要乾淨俐落、中規中矩、範圍廣闊。

以下是郵購型錄的一般圖片運用指南,值得參考。

- 有不要把頭切掉
- 秀出所有商品
- 強調特性與好處
- 放一點帶有生活風格的圖片
- 賦予商品生命,提升商品價值
- 讓商品看起來很夢寐以求
- 加點特寫照
- 顏色要精準,這對某些商品來說很重要,譬如化妝品和服飾

其他設計重點

小心選擇印刷方式,才能製作出搶眼、容易閱讀、又不違品牌個性的郵購型錄。內文要成行排列,保持合理間距,如果間距太寬,恐會造成閱讀困難。整齊的內文會讓頁面看起來對稱又井然有序,整體設計顯得順眼又專業。

內文的字體大小也很重要,如果字體太小,讀者會不想閱讀,甚至有礙視障者的閱讀。但另一方面來說,如果字小一點,就能在型錄裡放進更多推銷文字,有更多機會說服大眾購買。其他的字體注意事項包括:單元標題、頁數編號、價格和產品代碼都要以粗體字清楚呈現,不要給讀者錯看的機會,譬如 **6** 看成 **5** 或 **8** 看成 **6**。

注意事項

記住要標明商品折價後的價格,顧客就不必自行尋找商品的優惠條件,或自行計算打折後的價格。

雖然空間對郵購型錄來說很寶貴,但有些頁面編排還是會剩下多餘的空間。在這種情況下,你可以利用所謂的**填空幫手**(Space Fillers)來幫忙填補空白,使頁面看起來更充實,提供讀者更多可以閱讀的寶貴資訊和文宣。

這裡有幾個填空幫手的例子可供參考:

- 他人推薦
- 退貨辦法
- 行動號召
- 提供物的提醒
- 各種注意事項與提醒
- 用途與構想
- 交叉銷售的文案
- 主要好處
- 商品特性
- 各種保證與保障

有效的郵購型錄必須具有特色,這裡有許多設計技巧可供你為郵購型錄添加一些獨特的個性。可能的話,你可以在型錄裡放商品的樣本,讓讀者在購買前有機會先試用品質。這有它的好處,因為商品樣本可以提醒潛在顧客它來自於哪種郵購型錄或哪家公司。事實上,如果郵購型錄裡暗藏一些立體設計,也會讓型錄變得更具趣味和更引人注目。還有一個經典技巧是,在型錄裡提供最後秒殺的特殊優惠,通常是放在夾頁,告知讀者如果立刻行動,將可得到額外折扣或獎勵。

文案

郵購型錄的目的是要販售商品,文案則是用來說服他們購買的重要工具。雖然這是大家都明白的道理,但還是有很多型錄只提供商品細節,對於顧客的好處則鮮少或幾乎不提,或者沒有明言鼓勵他們購買。這種方法對於那些知道自己需要什麼而且曉得要向哪種郵購型錄訂購的人來說,或許還管用。但如果是要吸引那些還不太確定的消費者,就絕對有必要向他們解釋清楚公司和商品的特色。至於商品的規格還是得放進型錄裡,這一點就不必贅言,每個項目的文字說明絕不能長到令顧客反感,或者占據太多空間。若能幫部分商品或所有商品添加一些精簡切題又令人信服的推銷文字,一定會有很好的銷售成績。

除此之外，在處理圖像時，不僅要考慮到顧客和產品之間的距離問題（畢竟顧客看到的只有照片，而非商品本身），也要注意文字內容，借助生動的文字來適切說明商品的觸感、聲音、氣味和味道。譬如「我們的巧克力系列有濃郁的風味，口感超乎想像地滑順」。

說到語調，當然要生活化一點，不要太一本正經或太技術用語，避免拐彎抹角地形容和多餘的累字贅語。句子簡短俐落，用簡單的語言解釋每項商品的優勢元素，以及它對顧客的生活所帶來的正面影響。

儘管強調的都是商品好的一面，但也別忘了內容一定要有可信度。如果推銷語言太過天花亂墜或過分渲染，讀者就會認定（而且這種認定可能是正確的）這些優惠好到不太真實。說好聽點，你是誇大其詞，說難聽點，你根本是欺騙消費者。和商品有關的文案絕對不能造假，不過你可以略而不提商品的局部缺失，但你務必要確定你宣稱的好處都是千真萬確的，因為誇大其詞的推銷手法只會令顧客卻步，甚至可能引起法律糾紛。

顧客在乎的是誠意，所以要在郵購型錄的活動裡證明你的誠意，整個活動才會成功。要做到這一點，最好的方法是把理由說清楚，為什麼這家公司能夠提供這麼好的優惠。譬如你可以明說是因為某項商品庫存過多，所以特價促銷。解釋清楚優惠的原因，讓顧客放心，相信你的優惠是千真萬確的，這也是為什麼絕版拍賣活動的銷售成果往往出奇得好。

型錄裡有些單元的主題不是以說服讀者購買為目的，但也有它的影響效果。譬如你寫的是企業對企業的型錄文案，就可以挑出其中幾頁來回答產業相關的常見問題；或者如果這份型錄賣的是玩具或遊戲這類有趣商品，可以穿插一點笑話、謎語或趣味故事。事實上，大多數的型錄都能接受一點幽默感和趣味性，也能顯出型錄本身的趣味特質，讓人讀起來心情愉快，適合擺在茶几上供人瀏覽。千萬記住，顧客花越多時間讀你的型錄，便越有可能購買裡頭的商品。你可以把公司高層寫的信放在型錄最前面（可能是封面內頁），讓讀者一開始就有一個好的閱讀經驗。這地方也可以放型錄的引言，是用來說明型錄優點所在的絕佳版面，同時也可以在這裡解答讀者可能有的疑慮。此外也可以拿來說明型錄裡有幾類商品，還有值得讀者訂購的理由是什麼，同時提供有關訂購、退貨等基本資訊。

注意事項

在型錄的主文案裡，每個商品的名稱當然都要以標題來呈現，既然標題的呈現方式可以吸引讀者的注意，那麼也可以用同樣方式來說明商品的主要好處，譬如「有史以來速度最快的新型電腦」。

除了推銷文案之外，型錄也應該把條款與條件、退貨需知、不同付款方式和分期付款方式、特價或獎品的詳盡細節，以及商品保證這類必要資料全部放進來，向顧客清楚解釋多快可以收到商品，還有以什麼方式交付——是快遞還是限時專送。這些資訊大多很無趣，但如果這家公司能在這些地方提供特別的服務，就是一個值得強調的特點。譬如，如果他們確定交貨速度比競爭對手快，就該強調這部分的優勢，證明你的顧客服務品質高人一等，並且向顧客說明相關好處，譬如「拜我們的隔日送到家服務之賜，明天你就能享用新的×××」。除此之外，也別忘了說明只要對商品不滿，都可全額退費。這項服務是有法律義務的，所以也可以當作賣點。

訂單格式

訂單格式不應該是單調乏味的雞肋，反而該把你從直效行銷裡學到的技巧全發揮出來，讓它也變成一份行銷文宣。意思是格式要夠吸引人，要能號召行動，還有所有條款和條件也都要放進去。

> 通常顧客都會先研究型錄……最後卻在線上購買或到店裡購買。

說到下訂單，關鍵在於下訂必須很容易。購買通常是一種衝動行為，如果下訂單的過程中出現任何阻礙，讓顧客有時間重新思考自己的決定，即便只有少數比例的顧客最後決定不買，也是損失。下訂單時，唯一可以讓顧客有所停頓的時候，應該發生在當他們看見你巧妙置入的商品廣告，決定把那項商品放進訂單裡的那個瞬間。為了讓訂購流程更順暢，顧客資料（姓名、顧客編號、住址、電話和電子郵件信箱）都應該盡量預先填好。此外最好有訂單範本，顧客才不會不知從何下手。

• •

此外，訂單格式也要方便賣方處理才行，所以一定要放進以下元素，加速訂單處理流程，盡快交貨到顧客手上：

- 商品代碼
- 顏色
- 單價
- 商品說明
- 數量
- 總價
- 尺寸

• •

另一個方便顧客下訂的技巧是，訂單先打齒孔，才方便顧客不費力地撕下訂單，又不會扯落型錄裡的其他頁面。如果訂單必須用力撕扯或用剪刀剪下來，甚至訂單附近的頁面也跟著脫落，這就表示這份型錄的設計水準不夠好。

注意事項

訂購單採用較好的材質，是不錯的點子，這樣一來，才不會埋沒在型錄裡，而且從型錄撕下來之後，也較好保存。

訂購單是刺激購買的另一個機會點，方法是挑出一些人氣商品，放進訂購單裡——或放在離訂購單較近的頁面裡——以最後一擊的方式讓顧客在下訂之前有機會瞄到其他心儀商品。這點子是我們從超級市場那兒學來的，他們總是在結帳櫃台旁放一些誘人的巧克力。此外，訂購單裡也要放進和特惠條件有關的細節，以免顧客漏看了。有時效性的折價券也要放在訂購單附近。它們的時效都必須不超出型錄的使用期限，而且各類商品都要涵蓋，最好配合顧客區隔。這有助於產品滲透率，同時提高獲益率和購買頻率。除了可以利用訂購單來爭取更多的銷售機會之

外，也可以利用它來獲取顧客的資料，以利未來使用。只要在訂購單裡放幾道問題就行，但千萬記住要簡單明瞭。

最後要說的是，常有人只是填了訂購單，卻沒寄出去，所以最好在訂購單裡寫明其他訂購方式，譬如網站或電話。這聽起來好像有點浪費，竟然把製作精美的訂購單拿來充當記錄用的便利紙條，但是郵費成本本來就高過於線上或電話訂購的成本，所以值得推廣線上或電話訂購。

有時你可以考慮多印一些訂購單備用，因為型錄的貨架壽命會比第一張訂購單來得長。

可以下載和線上閱覽的型錄

本章一開始就說過，型錄的力量來自於它的有形存在。線上行銷活動可以靠一張實體的文宣作為支援，因為用戶不用打開電腦就能隨性瀏覽。雖然這一點好處無庸置疑，但型錄的魅力其實已經超越它被實際拿在手上的價值，原因是：現在也有了線上和可以下載的商品型錄。

商品型錄通常可以 pdf 檔下載，再透過 Adobe Reader 這類軟體來瀏覽，不過有些軟體可讓讀者更省事，它們會直接將冊子和型錄放進網站，利用自己的視窗來瀏覽。這些線上型錄可以靠觸控螢幕或點擊滑鼠的方式進行瀏覽，或者拉動頁角，直接換到下一頁。

線上型錄的出現，等於擴大了顧客的經驗範圍，將公司形象塑造得更現代和更科技化。它們的成本只占型錄印刷和郵費成本的一小部分，因此成為商業活動裡一個聰明的重要選項。

電視直銷

從型錄的傳統紙張格式再往下演進，便進入了另一種可以不斷獲利，市場更大的媒體。正因為獲利性高，市場範圍大，非網路式型錄才沒淪為二等行銷手法，而這種媒體就叫做**電視直銷**（Direct TV）。電視直銷簡稱 DRTV，也是眾所皆知的電視購物（Home Shopping），它具有郵購型錄的眾多特性，譬如分門別類地展示大量商品、顧客不需離家購物。QVC 和 bid TV 購物頻道便是最好的例子，它們都是在專門的電視頻道上現場直播，展示商品。

隨著數位電視的崛起，消費者手邊多了大量頻道可供觀賞，這使得電視直銷也成了一種可以隨自己喜好挑選的媒體，而會接觸這種媒體的視聽群，都是很在乎這些內容訊息的消費者，所以購買機率很

高。就本質來說，是消費者主動選擇接受這種行銷手法，使這種媒體變得像網站一樣直接有效。

電視直銷之所以有效，關鍵在於每樣商品都是由真人展示、示範和推銷。這不僅是因為大眾比較樂意向真人購買，也因為這些節目的主持人通常都很有群眾魅力，能在很短時間內贏得觀眾的信任。簡而言之，真人推銷絕對好過紙張推銷，所以如果能在商品旁邊放幾張臉和加點個性進去，業績會出奇的好。

電視直銷的另一個強項是現場直播的即時性。它可以叫賣最後秒殺的商品，而非像其他直效行銷手法那樣只能把期限訂在幾個月、幾周或幾天後。此外，也可以用實況轉播的方式來呈現商品的存貨有限，機會不多，要買要快。這種即時性可以點出行銷世界裡最重視的資產之一：**急迫感**。急迫感會鼓勵顧客趕快購買，這使得他們沒有機會先去探查競爭商品的價格，也沒有機會因為延後購買而導致最後忘了。急迫感加上對電視直銷的信任，這兩者的結合使得行銷人員終於發現，原來他們可以自行操控這樣一個具有強大說服力的媒體。

當然在電視上推銷商品，仍有一些污名待除，其中大部分原因出在常有人諷刺這是「無聊的家庭主婦」才會看的節目。不管這項污名屬不屬實，這種媒體的確正往新的市場大步邁進，不過也仍然保留了可觀的「家庭主婦」市場。事實上，是大家誤解了電視直銷，因為電視不是它唯一可行的平台，線上也可以提供現場直播的串流視訊。像**湯瑪斯‧庫克旅遊集團和家美莉（JML）**這類公司或許已經建立了屬於他們自己的電視頻道，但還是有很多機會可以打造成功的線上頻道，而且成本花費不高。市面上有許多品牌不是不適合使用電視直銷的傳統手法，就是礙於電視直銷不符它們的品牌形象，以致於不願投資這類媒體。但我們相信只要手法上再做一點改良，把焦點放在消費者行為上，那麼幾乎所有需要用到郵購型錄的企業都適合使用電視直銷媒體。

電視直銷將像e化商業網站一樣成為大眾理所當然的購買平台，這個趨勢無人能擋。

自助式電視直銷

基本上，由於電視直銷猶如郵購型錄的現場直播視訊版，所以那些有助於郵購型錄成功銷售的基本技巧，也都能適用於電視直銷。譬如「說明與推銷」兩者之間必須拿捏平衡；找到顯著的位置來號召行動；還有商品必須按邏輯分門別類；相關商品要有清楚的連結關係；利潤最高和最好的商品必須放在最顯眼的位置。

一旦處理好以上基本原則，接下來就得處理電視直銷媒體裡的相關細節。無論你是要在現有頻道上推銷商品，還是開一個全新的電視頻道，第一個要考慮的都是定位（positioning）。利用現有頻道可以省掉很多新頻道會碰到的麻煩問題，更何況市面上早就有眾多頻道可供選擇。但這方法的缺點是，你沒有辦法控管商品的呈現方式和分配到的時間。它雖然是目前為止最保險的做法，但卻嚴重壓縮了你在創意上的發揮空間和媒體的運作自由。但開闢新的頻道卻能量身打造你要的格式和內容，換言之，如果你的目標視聽群是追求時髦的二十五到三十五歲人口，你就可以在這個頻道裡充分發揮，吸引你要的目標人口，包括風格、主持人和傳播時間。對多數品牌／企業來說，要建立電視直銷，最合理的做法是線上串流服務，它可以連結或嵌在該品牌／企業的網站上。用戶可以趁瀏覽網站時順道欣賞現場示範的產品，還有最後秒殺的優惠好康。

注意事項

電視直銷有個有趣的現象值得注意，那就是觀眾在看電視購物的同時，往往也在做別的事情。若你能拿捏好分寸，製作出不容易讓人分心及更具可看性的節目內容，便能在適當時機抓住一心多用的觀眾的注意，你將發現觀眾會有很長時間不去轉台。

新開闢的電視直銷頻道必須考慮的是現場直播，以及找到好的主持人和節目班底。如果能以活潑、即時的方式來呈現節目，觀眾會覺得節目裡的買賣物超所值，儘管分流視訊或現場直播難免會遇到一些現場問題，但它的好處顯然足以抵消。事實上，如果你有一個臨場反應快又魅力十足的好主持人，再加上一組可以快速冷靜處理任何技術性問題的班底，那麼現場問題大多不會構成什麼大礙。

跨媒體整合

眼球追蹤和熱點

一般人在看頁面時，眼球會自動被某些元素吸引，而且會以可預期的路徑模式在它們之間移動。行銷人員通常會把這套原理活用在型錄的頁面編排上，以便凸顯特定商品，刺激出顧客的特定行為。雖然這方法早已廣泛運用在平面媒體上，但對於任何講究視覺的媒體來說，也一樣管用。

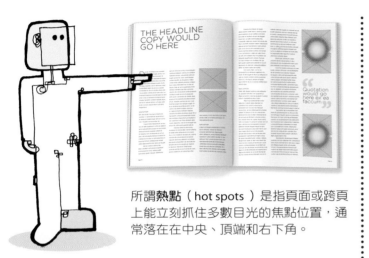

所謂**熱點**（hot spots）是指頁面或跨頁上能立刻抓住多數目光的焦點位置，通常落在在中央、頂端和右下角。

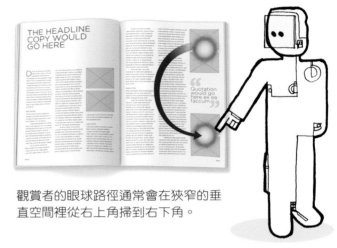

觀賞者的眼球路徑通常會在狹窄的垂直空間裡從右上角掃到右下角。

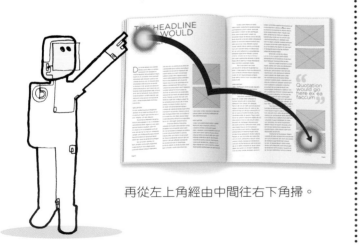

再從左上角經由中間往右下角掃。

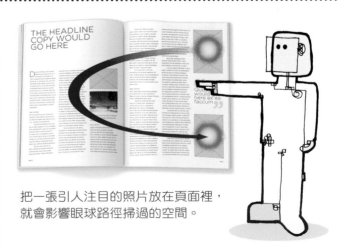

把一張引人注目的照片放在頁面裡，就會影響眼球路徑掃過的空間。

無論是製作網站、電子郵件、傳統郵件、提案，或甚至一支視訊影片，策略性的位置配置都會影響觀賞者看到了什麼和沒注意到什麼，所以要好好運用，增加你的優勢。

單元介紹和商品跨頁

郵購型錄的優勢在於它的有形性——可以被拿起來實際翻閱——所以要盡量發揮，製作得有趣一點，和讀者打成一片。

炯炯目光迎視鏡頭
充分運用系列商品裡的主要商品

清楚的頁碼

有用的單元目錄

引述粉絲的話
來增添商品個性

善用人氣商品

明確的單元標題

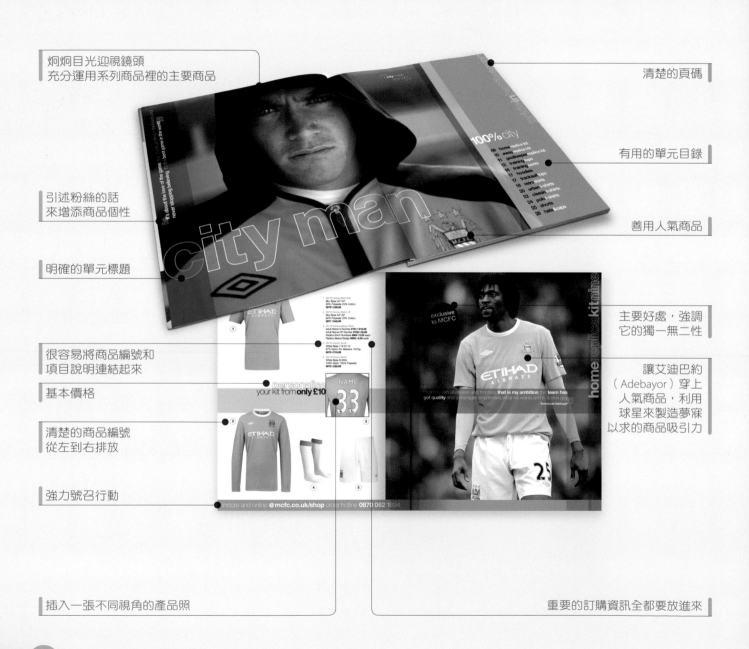

很容易將商品編號和
項目說明連結起來

基本價格

清楚的商品編號
從左到右排放

強力號召行動

主要好處，強調
它的獨一無二性

讓艾迪巴約
（Adebayor）穿上
人氣商品，利用
球星來製造夢寐
以求的商品吸引力

插入一張不同視角的產品照

重要的訂購資訊全都要放進來

訂購單

訂購單的重要，無論強調多少次都不為過。它的設計要簡單清楚，也別忘了提到你的優惠條件、特價，以及顧客可能疏漏掉的優惠商品。

提醒這裡有優惠

符合邏輯的資料流程

資料蒐集

想想看訂購需要
有哪些標頭

清楚標明各種
付款方式

填寫的空間要夠大

強力的優惠訊息

清楚的標示

其他交貨地址

示範如何填寫

提醒有折價優惠

其他訂購方式

明白指出
誰可享有優惠

在重要空格旁註明
各地不同的郵資和包裝費

創新的冊子

要想為郵購型錄添加茶几價值，就得有好的圖片和有趣的文案。很多人會保留郵購型錄，你當然也希望你的郵購型錄能成為茶几上搶眼的焦點。

強而有力的優惠

古怪的文案

令人嚮往的趣味畫面
令人懷念的度假氛圍

雜誌的感覺

別人的推薦可以建立可信度

用歡迎的語氣和訊息來開場

主要差異點

清楚的
導覽

令人嚮往
的畫面

"Welcome to our new Hotspots brochure, our collection of YOUR favourite hotels"

"We had the greatest holiday you could have, but then again we always go with direct holidays and always have a fab time!"
Mrs. Sherwood, Kent.

Your sizzling hot favourites and top Summer Scorchers

Find your perfect holiday hotspot

Kenya	6
Maldives	6
Caribbean	7-12
Florida & Las Vegas	12-13
Balearics	13-16
Mainland Spain	17-19
Canaries	19-24
Algarve	24-25
Bulgaria	25
Tunisia	26
Egypt	27-28
Cyprus	29-30
Greece	31-37
Turkey	38-41

'As Arnie the terminator once said... - We'll be back!' — Mr. Williams, Staffordshire.

'This holiday was amazing, I'd go back in a heartbeat'

£100 Off every booking GUARANTEED*

OR

FREE KIDS holidays*

PLUS

✓ **3 FREE Nights** on selected 14 night holidays**

✓ ...and to top it all off we'll also give you **£50 OFF** your next holiday with us departing 1st November 2010 - 30 April 2011

*Please see pages 42-43 for Terms and Conditions.
** At selected properties. Please see pages 42-43 for full Terms and Conditions

NO hidden extras

With Direct Holidays you'll get everything you expect from a holiday included as standard unlike some other Tour Operators...

✓ in-flight meals
✓ an extra 5kg luggage allowance
✓ transfers in resort
✓ dedicated rep service

and we even include 10kgs for little ones under 2

...all this for a **low Deposit!**†

† Not available on late bookings

Visit our new-look website at www.direct-holidays.co.uk

Find out more about your favourite hotels and apartments in our fantastic new brochures

DIRECT HOLIDAYS

happy holidays with no hidden extras – **that's the direct effect!**

directholidays.co.uk

總結各項好處

趣味旁白

以圖畫來表現
行動的號召

交叉銷售
的訊息

強而有力
的優惠

電郵行銷

網路上最廣為使用的應用程式之一

電子郵件對直效行銷來說是一種理想的媒體，幾乎所有企業都會某種程度地使用到它。電郵行銷的優勢眾多而且清楚分明，其中包括電郵的分布越來越廣泛；電郵是網路世界裡最廣為使用的應用程式；電郵的製作和配送成本比平面媒體便宜很多；電郵要個人化很容易；電郵的交貨期很快，是一種可刺激顧客衝動反應的即時回應機制。除此之外，還可以快速輕鬆地評量和測試電郵活動的成效，立時針對缺失改進，提升回應者的質與量。因此電郵行銷的投資報酬不錯。但

還有一些常見的缺失，講好聽點，是活動不夠精緻；講難聽點，是與顧客太過疏離，不利於品牌。

雖然也可以把許多傳統行銷手法的原理挪用在它身上，但也別忘了電郵是一種獨特的媒體，有它自己的遊戲規則。電郵的設計必須考慮到預覽平面（preview planes）和下載次數，而這些因素都是設計直郵廣告活動時不必顧慮的。同樣的，你也不能把網站設計的原理套用在電郵行銷上，因為你要消費者去點擊電郵裡的連結，這和你要設法說服正在網站裡瀏覽的人現在就去購買，兩種方法是完全不同的。

擷取電郵住址

要打造電郵行銷活動,第一步是匯整出一份電郵住址清單。這個過程通常很慢,不過有一些簡單有效的方法可以幫你整理出一份經過許可、內含大量優質聯絡資料的電郵清單。但要記住,顧客可能每天都會收到大量的電子郵件,所以極不願意再登記成為另一份電郵清單裡的收件者,因此你必須清楚說明訂閱這份電郵的好處是什麼,提供立即的誘因,鼓勵他們登記。

網站

蒐集電郵住址最常見的方法是透過網站,其中有很多方法可供你個別或結合運用,達到有效擷取電郵住址的目的。

資料擷取框

資料擷取框(Data Capture Boxes)的好處是它們可以讓用戶不必換到其他頁面,便能直接輸入資料。這能使人們當下就決定登錄資料。它通常只是一個要求填寫電郵住址的方框,但你可能想再多加點方框,要求對方填寫更多資料,以便建立更具個人化色彩的電郵。

按鈕控制項

按鈕控制項(Buttons)只是把連結圖形化,點了它之後,用戶會進入獨立的登錄頁面。這些圖形有各種形狀(你可能會想嘗試一些較有創意的圖形),不過通常都會在側邊工具欄內以簡單的文字框來呈現,這樣一來,不管用戶在網站的哪一個頁面,都能隨時點入連結。按鈕控制項之所以優於資料擷取框,是因為它們可以連結到比較詳盡的表格裡,讓你擷取到更多資料。

文字連結

文字連結(Text Links)可以透過小段文字連結到一個獨立的格式裡,讓用戶在瀏覽其他資訊內容的同時,仍有機會選擇訂閱。這是個很好用的工具,可以向用戶強調登錄的好處。當你在說明公司的特色時,順便強調用戶若是登錄,將能得到更多這方面的資訊或好處,然後將適當的文字連結放進來。

勾選盒控制項

當顧客在線上作業或交易時,可以強制他們提供電郵住址,完成購買作業。這時,你就要放一個**勾選盒控制項**(Check box),方便他們勾選同意未來願意收到公司的電郵。

其他線上機會

雖然網站往往是擷取電郵住址的主要工具,也還是得利用其他交流工具鼓勵潛在或現有顧客同意訂閱。線上廣告、第三者網站、線上名錄(online directories)和電郵簽名檔(email signature)都拿來作為登錄連結。另一個好點子是允許或鼓勵收件者提供朋友的電郵住址,方法很簡單,只要加一條連結按鈕,帶他們進入登陸頁(landing page),提供表格填寫朋友的電郵住址。但是要他們填寫,必須給個好理由,或許要給個誘因,抑或提供一些他們想和朋友分享的內容。

其他非線上辦法

傳統行銷辦法也可以用來幫忙建立電郵清單,在公司的名片、直郵廣告和其他平面或電視廣播廣告裡加入登錄資訊——絕對不要錯過任何鼓勵大眾訂閱的機會。

許可

資料擷取的合法性是個敏感的問題,如果你的電郵沒有經過收件者許可就寄出去,可能會惹上麻煩。以下是outside the box e化行銷的原則。我們在寄出電郵之前,會先得到客戶同意。如果你能遵照以下規定,就不會觸犯資料擷取的法律問題。

哪種電郵住址是outside the box認為沒有問題,可以寄電郵過去?要寄電郵給outside the box的任何一位用戶,都得先**明確得到對方許可**。你可以透過以下方式得到許可:

- 在你的網站上放電郵通訊的**訂閱表格**。

- 在表格裡放一個勾選框控制項。這個勾選框不能使用已勾選的預設狀態,填寫表格的人**必須自願勾選**,表明他們願意收到你的電郵。

- 如果填的是非線上表格,譬如問卷調查或報名某競賽活動,一定要向他們解釋日後會以電郵聯絡他們,而且他們已經勾選了願意這一欄,才可以寄電郵過去。

- 過去兩年來,曾向你購買過的顧客。

- 如果有人**給你名片**,而你也向他們解釋你都是用電郵聯絡,就可以寄給他們。又如果他們是把名片丟進商展上專收名片的魚缸裡,也表示他們願意以電郵聯絡。

基本上，唯有對方明確允許你以電郵與他們聯繫事情，才能寄電郵給對方。

哪種電郵住址是outside the box認為有問題的，不可以寄電郵過去？只要是非上述情況，在我們眼裡都是未經許可。這裡有幾個確保自身清白的例子。Outside the box的原則是，以下情況，絕不寄出任何電郵：

● 你**沒有明確和可資證明的許可**供你以電郵來聯絡事情。

● 你是**向第三者購買、租借或以任何其他方式取得**，不管對方如何宣稱這些資料的品質或曾得到許可，你都必須親自取得許可。

● **過去兩年來，你不曾以電郵與對方聯絡。**許可不是歷久彌新的，收件者可能已經更改了電郵地址，或者早就不記得以前曾給過你許可。

● 你的郵寄名單是從網站裡**挖出來或複製和貼上的**。雖然他們把電郵住址公開在網站上，並不代表他們願意和你有電郵往來。

當然，其中有些人可能已經給了你電郵住址，但你缺的是商業化電郵的往來許可。寄發促銷性電郵給這些人不會有什麼效果，反而會被他們視為垃圾郵件。

電郵內容

寄件者

收件者會打開電郵，一定是因為他們認識和相信寄件者，基於這個理由，寄件者的名字和住址就變得很重要。你應該使用訂閱者容易辨識的寄件者名字，而且從今以後都使用同樣名字。正因為如此，最省事的方法就是使用品牌名，而不是個人名字。當然這並不能阻止你把公司裡的幾個人名放進電郵裡，以便增加一點人情味。

主旨和內文摘錄

訂閱者都是大忙人，他們常收到很多電郵。如果你想要他們打開電郵瀏覽，得先想出一個看起來有內涵又令人信服的主旨，告知他們你提供什麼產品或服務，他們會得到什麼好處——特價、免費贈品諸如此類等。把收件者的名字放進去，也可以有效吸引他們的注意，此外，也要提一下品牌名。

另外，你應該注意到有些電郵客戶，譬如使用Gmail信箱的客戶，其電郵主旨的後面都會有一段內文摘錄——開頭的內文。所以你至少得確保那段摘錄文字能補充說明你的主旨，而不是折損效果。

文案風格

訂閱者會很想盡快消化電郵裡的訊息，所以文案要簡單、容易搜尋、直指重點。先把你在電郵裡要說的話全寫出來，再刪掉累字贅語或拖泥帶水的文字，加以精簡化，善用列表和逐點列出的說明方式。

注意事項

只要符合品牌個性是可以口語化的方式來書寫電郵內容。所以不必擔心會不會少了不定詞或破壞了其他文法規則，尤其如果想要內文特別簡潔的話。若是決定採用很口語的風格，就得確保從頭到尾風格一致，譬如與其在連結上標明繼續閱讀或請上我們的網站，倒不如試著用照過來照過來或進來潛個水吧這類很口語的說法。

少就是多

除了避免使用太多文字之外，也要避免在郵件裡放進太多訊息。不管是販售某特定商品還是歡迎新顧客，每封電郵都應該只有一個主旨或目標。最常犯的毛病是一次放進太

多東西。塞進太多訊息的電郵不若訊息精簡的電郵來得有效。如果你想在同一封電郵裡傳達額外訊息，版面編排一定要簡單易懂，不同的單元要清楚標示出來，予以說明。

不是只有推銷

電郵不是只拿來促銷產品和催促訂閱者購買，也可以拿來發展品牌，與訂閱者鞏固關係。你可以偶爾寄點純娛樂的電郵給訂閱者，不必向他們推銷任何商品。試著寄些帶點趣味的東西，也許是玩笑、卡通或視訊。用這種方法讓你的電郵變成一種驚喜和娛樂，使品牌更討人喜歡，也等於鼓勵訂閱者經常打開電郵。

使用者創作內容（user-generated content）

可以在電郵裡利用使用者創作內容來達到效果。將網站訪客的推薦與評分放進來，這將有助於說服訂閱者相信服務和產品的品質，因為這不是推銷員在老王賣瓜，而是同儕的真誠保證。

另一種在電郵裡利用使用者創作內容的方法是，與電郵訂閱者展開對話。你可以把問卷或測驗放進電郵通訊裡，製造互動經驗，並蒐集和訂閱者有關的寶貴資料。

社群媒體的綜效

電郵應該有提供管道讓收件者可以選擇透過不同社群媒體追蹤你的公司近況。你可以在頁尾放一個按紐連結到各社群媒體（譬如臉書〔Facebook〕、推特〔Twitter〕等）的相關網頁。此外，還要有一小段文字補充說明收件者可以從這裡追蹤到該公司的近況，以及這麼做的理由和好處是什麼，並舉出一個他們曾熱中參與的例子，譬如最近的Twitter feed。

保持神秘

不要低估人類的好奇心。有一種行銷手法就是利用我們好打聽他人隱私的天性，故意使用神秘的電郵。你可以寄發內容只有一句話或甚至一個字，或者只有大量畫面或圖片的電郵。如果能把內容處理得很不尋常或饒富趣味，訂閱者就會很想知道接下來有什麼，於是會有更多人點擊，進網站去看到底是什麼東西。本章個案研究的紅酒公司Andrew Peace的攝影比賽就是一個絕佳的例子。但這是一個有風險的策略，因為電郵詐騙和病毒太過泛濫，以致於人們不太敢點擊不夠可靠的連結。更何況有些人忙到根本沒時間去猜你的電郵在玩什麼把戲。所以這種電郵可能抓

不到那些希望你明白告知好處的顧客。要抵消這個風險，最好的方法是同時推出比較傳統的電郵活動。

注意事項

如果要走神秘路線，電郵的品質一定要夠出眾，才能某種程度地減少收件者對此電郵企圖的疑慮。

電郵的設計與編排
容易瀏覽的編排內容

訂閱者不太可能逐字細讀電郵內容。反而都是掃一下裡頭的重要資訊，所以在編排上要盡可能讓他們可以輕鬆掃視。你必須在幾秒鐘內讓讀者了解到電郵裡的主要訊息——提供物是什麼？是誰提供的？要怎麼做才能得到？而訣竅就在於避免長篇大論，還有內容一定要打散，充分利用多重標題和逐點列出的做法，此外也可以利用底線、粗體字和方框等技巧將電郵內容分成不同區塊。一般來說，最重要的訊息應該是提供物的細節內容以及行動的號召。你可以利用視覺錨點（Visual Anchors）來吸引讀者注意這些內容以及其他重要訊息。

辭彙解釋

視覺錨點可以放進不同字型、尺寸、顏色或者像箭頭或按紐之類的圖像。

頁頂前的文字

顧名思義，頁頂前的文字就是放在頁頂上方的文字。這種頁頂前的文字大多會有連結，可供訂閱者將電郵當成網頁在瀏覽，目的是要讓他們能安全地看到任何被封鎖的畫面或圖形。除此之外，還有其他功能項目可以放進頁頂前的文字裡：

● 取消訂閱連結
● 轉寄朋友的連結
● 編輯偏好的連結
● 許可資訊
● 手機版連結
● 請求列入白名單——將你加進收件者的通訊錄裡。

頁頂

頁頂通常會放公司商標，再不然至少也是和品牌有關的東西，再加上可連結到不同頁面的搜尋工具列（navigation bar）。電郵的頁頂就算不完全和網站的頁頂一樣，也要風格類似，才能讓電郵有一定的品牌識別度。

頁尾

電郵的頁尾可用來多放些通往網站其他頁面的連結，或者放病毒式連結（viral links，將此電郵轉寄朋友的選項，或者在某社群網路分享此電郵的選項），抑或放進訂閱或取消訂閱的選項。此外，也可以放進隱私權政策的連結。

圖像。

大部分訂閱者的重要收件信箱，都會以預設方式封鎖所有圖像。儘管這不應該阻礙你對圖像的運用，但還是必須知道這問題的存在。所以你得確保電郵裡的文字就算沒有輔助性畫面，也能有效傳播訊息，你可以使用**替代文本**（Alt Text），另外也提供可以讓收件者點擊進入網站的其他方法，才不用擔心圖像被封鎖的問題。此外，你可以在頁頂前的文本裡提供連結，供收件者選擇以瀏覽網頁的方式來瀏覽電郵。

辭彙解釋

替代文本是在編碼過程裡就放進電郵了，它是以文字來替代被封鎖的圖像。此外，也可以提供盲人或弱視者專用的螢幕朗讀程式（screen reader programs）來敘述畫面，打造無障礙空間。

人們會先被圖片吸引，但如果你的圖片和電郵訊息一點關係也沒有，功效會大打折扣。電郵裡放圖片的目的，通常是為了美化電郵。圖像的確比文案更能吸引目光，所以圖片的挑選要靠點智慧，想想看你想傳達的訊息是什麼，再好好思考你用的這張圖片能否幫忙傳達訊息或者會阻礙你的訊息。

視訊

視訊能使電郵更具娛樂性、知識性和更有特色。你可以選擇在電郵裡嵌入視訊，或者和網站的視訊連結。如果你選擇用嵌入的方式，最好記住訂閱者通常只花幾秒鐘時間掃

視一封電郵，因此如果你想要他們播放這支視訊，最好用容易辨識的視訊播放格式。

此外，你也要知道在電郵裡觀賞視訊影片，可能會有一些技術性障礙。雖然消費者使用的電郵提供商（譬如Hotmail, Gmail等）在這方面都沒什麼問題，但很多企業使用的電郵提供商（譬如Microsoft Outlook）並不見得能讓讀者觀看影片。

色彩

色彩組合要簡單大方，協調一致，如果顏色太繁多，會使電郵看起來很凌亂，少了吸引力，也增加了快速瀏覽的困難度。理論上，你應該先選出一個主色，再加一或兩種配色。選用的色彩必須互補，在亮紅色的背景裡放進海軍藍的文字，一點也不吸引人，而且很難閱讀。

位置

你要確定電郵收件者可以立即看到電郵裡的主要訊息，如果得靠捲動頁面，才看得到重要訊息，他們根本不會費心去找。因此盡量把電郵裡的所有關鍵訊息（品牌名、提供物、行動號召）全都置頂。一個標準的預覽窗格大約是寬五百畫素，高三百五十畫素，所以得設法把最重要的訊息全放進這塊區域裡。

電郵的機會點

企業行號寄發的電郵通常都是一般的時事通訊或是特惠活動及新產品上市。但其實還有很多機會可以主動聯絡訂閱者，藉此鞏固關係，鼓勵購買。

歡迎信

表達歡迎的電郵擁有最高的拆信率，所以用它來設定未來電郵的基調，因此對未來電郵行銷活動的成功與否具有重要影響。歡迎信除了感謝訂閱之外，也是個向訂閱者詳細說明未來電郵會提供什麼的好機會。此外，也可利用歡迎信請求訂閱者將寄送者的住址放進**白名單**（Whitelist）裡，以免未來電郵寄進收件箱時，圖片被封鎖或被視為垃圾郵件。

處理被擱置的購買籃

我們經常碰到顧客只把商品放進線上的購物車或購物籃裡，卻沒完成購買程序。原因可能有幾個：他們想過一會兒再回頭來買，但是忘了；或者他們只是把購物籃當成願

如何讓你的電郵聯絡更有意義……回應更熱烈？

望清單，根本沒有很強的購買意願。但不管理由是什麼，寄封電郵提醒對方購物籃裡有商品等待結帳，應該是不錯的點子。你可以等過了一段時間之後，或者等購物籃裡的商品存貨越來越少時，再寄出電郵，提醒他們盡快結帳，以免商品售罄。此外，可以考慮放進一些誘因鼓勵顧客完成購買，不過這也有風險，可能會造成一些投機取巧的顧客故意擱置購物籃，等你給他甜頭才去結帳。

處理帳戶的重新啟用

另一個可以用電郵聯絡的好機會是：當顧客重新啟用失效的帳戶時。這時候只要寄封電郵，感謝他們的重新啟用，並告知最近有哪些變動以及新的產品和服務，就能鞏固關係，提升銷售量。

確認交易

訪客完成購買後，接下來的目標是讓他再度上門，方法是寄一封確認交易的電郵，內容要個人化，具吸引力，並放入他人的推薦和誘因，鼓勵重複購買。但促銷訊息一定要放在確認交易的訊息旁或下方，以免混淆或惹惱收件者。

你也可以寄一封後續追蹤信給剛完成購買的顧客，請教他們對商品和交貨品質的看法，也請有正面評價的顧客寄推薦函給朋友。

追蹤瀏覽

如果你追蹤到訂閱者正在看的網頁，可以寄封電郵給對方，內容自然是以他們看過的商品或服務為主，通知他們有哪些特殊的優惠活動，並推薦其他他們可能感興趣的類似商品。但這麼做會有風險，因為顧客可能會很不高興自己的一舉一動受到監視，所以做法上要有技巧，讓收件者感覺你是在好心幫忙，沒有侵犯的意思。可能的話，試著請訂閱者反饋他們對這些電郵的看法。

處理回籠的顧客

如果有老顧客已經蟄伏很久，你可以試著寄一封**我們很想念你**的電郵，並提供特別的誘因，說服他們再度回籠。

注意事項

顧客購買行為的不活躍，有時和購買周期有關。以整個禮拜、整個月或整年來說，總會有某段時間顧客特別想買某些商品。你的回籠電郵就要配合這些時間寄出，但也不要忽略了夾在空檔的顧客。你可以利用這些空檔來維繫品牌知名度，隨時為他們提供最新消息，或者寄前述的娛樂性電郵給他們。

特殊時節

生日、結婚周年紀念、聖誕節、情人節都屬於特殊時節。你可以利用特殊時節來聯絡訂閱者。在節慶前的某段時間內，寄電郵提醒他們，建議他們購買相關商品，提供足夠的誘因，包括能打動收件者的文案和影像畫面。

如果是聖誕節、母親節或情人節等一般節慶，這些辦法都不難做到，但若碰到生日，就要講點技巧了，因為生日日期的取得來源必須師出有名——可能是網站登錄時留下的資料。千萬記住，生日前寄電郵給訂閱者，目的是要提供點子給他們，讓他們知道別人可以送什麼禮物，而不是叫收件者自己買禮物，所以你的重點是放在這個產品或服務的好處上，以及它能如何豐富壽星的生活。

至於結婚周年紀念和別人的生日，就必須有創意一點。方法之一是提供顧客線上日曆，供他們輸入特殊節日，再寄電郵提醒他們某特殊節日快到了。這種電郵都是針對那些節日來製作，譬如如果是父親的生日快到了，就在電郵裡提供生日禮物的點子以及可能的折價優惠。

提醒補貨

如果你算得出來商品的平均消耗時間,便可以在顧客可能需要補貨的時候,寄電郵提醒他們。如果某商品需要每三個月更換一次,那麼就在三個月後寄電郵給他們,再加點誘因,刺激他們重複購買,或者推薦其他替代性商品。

但別太得意忘形

雖然定期聯絡訂閱者會很有收穫,但別太常去煩他們,以免造成反感。重點是電郵寄發的頻率要適度,不然可能會有很多人要求取消訂閱。大型企業的潛在問題是,他們有很多不同的團隊和部門都想同時寄發電郵給同一批訂閱者。要避免這個情況,方法之一是指派一個人來專門統籌處理電郵的寄發頻率,決定哪些電郵必須優先寄發,還有能否把不同訊息加以匯整。

電郵服務供應商

可和優良的**電郵服務供應商**(Email Service Provider, ESP)合作,因為他們可以幫忙處理電郵行銷活動中的行政、技術問題,以及創意方面的挑戰。

電郵的交付率也應該會提高,因為多數 ESP 都經過網路服務供應商的核准,所以能提供合法的電郵傳送服務,而且會提供簡單的驗證電郵方法。此外大部分的 ESP 都會幫忙記錄關鍵性績效指標(Key Performance Indicators)。你可以利用這些資料製作出一份具有區隔性的清單,這樣就能瞄準與商品訊息最有關聯的收件者。ESP 也能幫忙處理訂閱和取消訂閱的工作,這會節省你很多時間。此外,ESP 通常會提供超文件標示語言(HTML)模板,可以稍事修改,再套用在活動上,使電郵變得更個人化,訂閱者的名字、過去的購買歷史及其他資訊會直接放進訊息裡。

跨媒體整合

快速的訊息

相較於其他直效行銷媒體，電郵的最大優勢就在速度。

*電郵講究的是速度：*交付的速度；回應的速度；丟棄的速度。最後一點尤其是我們在決定設計、文案和格式時的重要考量因素，因為收件者只要點擊兩下，便能把電郵丟了，甚至連開都沒開。因此你的電郵一定要能快速傳達訊息，而且要能產生足夠的效應。

在這樣一個快速變遷的世界裡，行銷訊息的傳達速度變得越來越重要。我們相信雖然其他媒體不像電郵那樣可以隨手丟棄，但大眾想要快速抓住和了解訊息的欲望仍持續擴張中，這也使得電郵手法越來越適用於直效行銷媒體。以下是幾種最有效的電郵技巧，有助收件者即時理解訊息內容：

逐點列出

- 簡單有效
- 逐點列出的方式可以幫讀者打散內容
- 方便他們瀏覽掃視
- 挑出訊息裡的幾個大重點

文字要大氣

文字尺寸是另一個用來強調**重點**的好方法，所以舉凡提供物、行動號召、人氣商品，都應該利用**較大、較顯眼**的字體來區別。

形狀

要想盡快讓讀者注意到某些重點，最好的方法是透過它們的形狀或者所身處的形狀。譬如大部分人會先注意到垂直形狀，然後是水平形狀，所以若把重要的文字或影像放進狹窄垂直的邊線裡，便能凸顯出來，吸引讀者的目光。其他能抓住目光的形狀有：

斜切型最引人注目

圓形比正方形更能引起注意

封閉區域會比半封閉區域更容易被看見

電郵行銷個案研究

e 化時事通訊——月刊

人們每天都會收到很多電郵，但其中有多少電郵對收件者來說
是有趣和重要的？如果你真的想凸顯你的電郵，內容一定要讓
人感興趣，能抓住目標視聽群的脾胃。

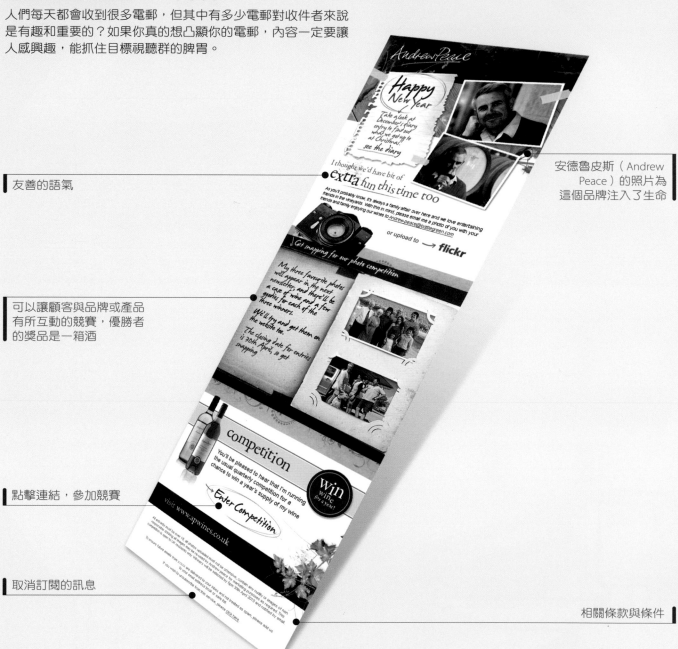

友善的語氣

安德魯皮斯（Andrew
Peace）的照片為
這個品牌注入了生命

可以讓顧客與品牌或產品
有所互動的競賽，優勝者
的獎品是一箱酒

點擊連結，參加競賽

取消訂閱的訊息

相關條款與條件

線上／非線上的各種技巧

電郵種類千奇百種，所以在製作電郵之前，一定要先考慮清楚你的目標視聽群是誰。沒理由寄出一封不符目標需求的電郵。如果你有一個向心力很強的社群，那麼一封內容豐富的電郵，極可能帶來豐碩的成果。

清楚的品牌名

引起興趣

誘人的價格主張

相關的條款與條件

必要的傳播元素

有助蒐集其他資料的工具列

適宜的生活風格照

強而有力的提供物

標題清楚的單元

邏輯流暢的資訊

文案中強調好處何在

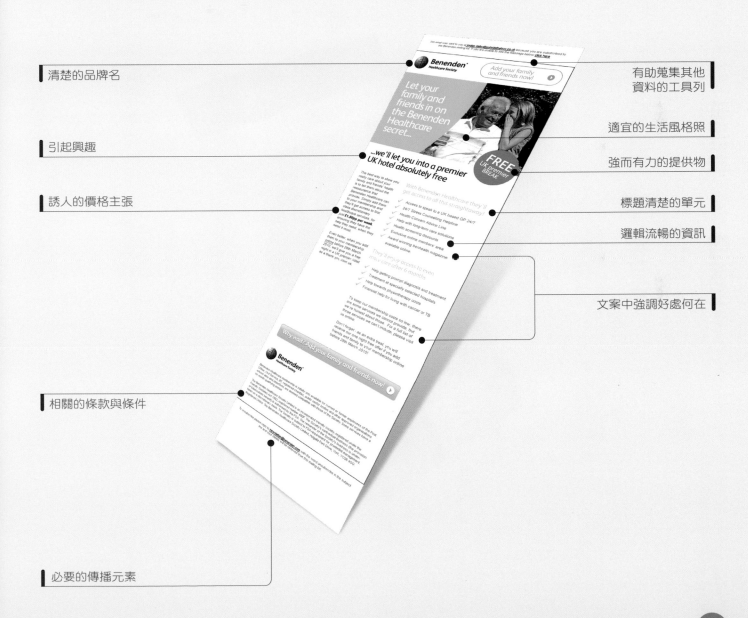

e 化產品照——技巧高明的優惠提供

電郵很適合用來傳送單一具體的訊息。內容盡量簡單，加上你提供的
優惠、行動號召和一些誘人的圖片，便能製造出很好的效果。

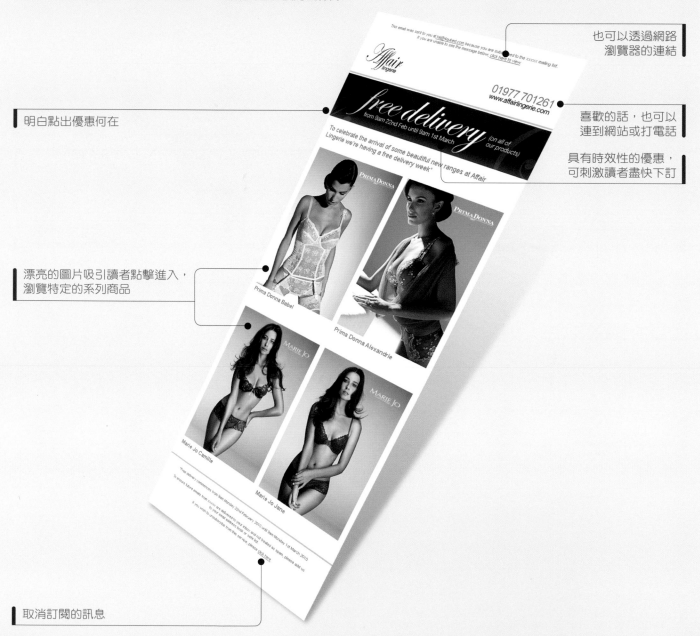

也可以透過網路
瀏覽器的連結

明白點出優惠何在

喜歡的話，也可以
連到網站或打電話

具有時效性的優惠，
可刺激讀者盡快下訂

漂亮的圖片吸引讀者點擊進入，
瀏覽特定的系列商品

取消訂閱的訊息

電郵──季節性促銷

電郵的優勢在於速度，包括交付和轉換速度，所以
很適合用來告知具有時效性的訊息及限量提供物。

清楚的定位

用訊息來營造急迫感

產品連結

促銷新產品

深度連結

友善的語調，
帶有一點人情味

再一次號召行動

幫忙宣傳其他連結

除了線上訂購，
也可以電話訂購

提醒訂購要快

顯示可被深度連結
到網站的價格點

俯角式照片增添了
一點特別風格

完整的聯絡資料

取消訂閱的細節資料

網站設計

如何贏取顧客的 和理智？

網站可以讓企業伸出觸角，與眾多顧客打交道，因此成為企業不可或缺的利器，但令人驚訝的是，網路裡竟充斥著許多無用的網站。之所以無用，原因很多：過於複雜，設計不良，障礙重重，或者可能什麼功能也沒有。在線上世界裡，人們有為數眾多的選擇，任何東西的品質幾乎都逃不過他們的利眼，因為他們可以去看評價、論壇和留言板。也因為如此，表現不佳的網站會很快被人遺忘，因為網路的使用者馬上就能找到功能一樣，效果更佳的網站。但如果你建立的是一個以顧客為中心的網站，運作良好，交流積極，時常更新，自然有很好的機會可以吸引到眾多用戶，他們會不斷來訪，也向別人推薦。若是你打算改造原來的網站，或者創造新的網站，這一章會幫你檢查所有應注意的事項。

可用性

如果網站太亂或太複雜,用戶會心生挫折,離開不再回來。網站的設計最好可以讓用戶三兩下就上手,行動自如,有效作業。若以這個方向來改善網站的可用性,就能創造出令人滿意的顧客經驗,提升用戶的重訪率,改善顧客對品牌的評價。此外,也會帶動更高的轉換率,因為將會有很大比例的訪客在網站久留,時間長到足以完成交易。

說到網站的可用性,它的關鍵要素在於網站的**資訊架構**(Information Architecture)、為殘障者和罕見電腦設備所準備的**無障礙**(Accessibility)網站,以及個別網頁的**導覽工具**(Navigation Tools)。

資訊架構

資訊架構這個術語通常是指網站裡不同頁面或單元的架構方式。如果網站的架構方式很有邏輯、講究效率,能在某種程度上反映出用戶的期待,便能有效提升顧客的經驗,增加轉換率。此外,資訊架構也會影響搜尋引擎的優化,幫忙搜尋引擎機器人程式(search engine robots,請參考**搜尋引擎優化一章**)找到網站裡的所有網頁。

注意事項

製作網站時,應該順便設計網站地圖,所謂網站地圖是指一個會繪出每個網頁位置及彼此連接方式的流向圖。這是從視覺上去呈現網站裡不同網頁的分類和結構方式,方便訪客找到他們想找的頁面。

網站基本的資訊架構發展流程很簡單。先決定網站的主題是什麼。如果這是販售服裝的網站,主題可能有女裝、男裝和童裝。確定之後,再決定哪個頁面被歸入哪個主題,但要記住,可以的話,一個頁面不只供一個類別使用,譬如男女兩用的配件可同時適用於男裝和女裝。現在你可以把各類別裡的不同頁面放進子類別的架構裡。但必須確定這些資訊架構不會太複雜。理想狀況是,絕對不能讓用戶得連結三、四次以上,才能進到網站裡的任何一個頁面。除此之外,在決定資訊的分類時,一定要小心,因為你可能以為某頁面屬於某單元,但訪客並不這麼想,於是找錯了地方,造成訪客沮喪,間接影響網站的轉換率。因此最好透過問卷、反饋、論壇和留言板來請教顧客意見,請他們幫忙建構出符合期待和瀏覽行為的網站。

無障礙網站

要製作出一個對任何人來說都無障礙的網站(包括殘障者在內),設計時,就要考慮到瀏覽器、平台或作業系統。在英國,**殘疾歧視法案**(Disability and Discrimination Act)已經能在法律上要求網站提供無障礙空間,其他許多國家也有類似立法。但其實不管法律義務是什麼,大家都該有基本的商業常識,不會把潛在訪客或顧客拒於門外。有關各種可能的無障礙選項,請上 www.w3.org/WAI 或 www.makingwaves.co.uk 查詢細節。

無障礙空間的基本要求包括:

● 可以讓用戶改變字型大小。

● 利用適當的語法標籤(html tags),包括專為影象和圖片所準備的選擇性內文,以利那些使用螢幕朗讀程式(這是一種輔助性的技術格式,對於盲人、弱視、文盲或有學習障礙的人很有幫助)的人可以了解頁面內容。也有助於搜索引擎優化。

● 確保網站所用的色彩不會讓色盲患者遇到問題。

● 提供高反差的網站版本

● 支援越多網路瀏覽器越好,包括 Internet Explorer、Firefox、Safari 和 Google Chrome,以及較專門的瀏覽器,譬如只能瀏覽文字的 Lynx。

● 製作流動頁面(Fluid Pages),以便延展頁面,填滿瀏覽器的視窗。這意謂用戶如果使用的是較大的螢幕或較高解析的螢幕,將不會出現大面積的留白空間,會有更多內容出現在可顯示範圍(Above the Fold)內——所謂可顯示範圍是指頁面的頂端部位,用戶不需捲動頁面,即可看見。

● 用戶要能自行指定他們所需的無障礙空間,而且確保瀏覽過程中,所有頁面都會提供這樣的服務,連回訪時,也一樣提供這些服務。最好有一個頁面專門處理無障礙空間,說明有哪些可用的服務,並准允用戶自行選擇他們所需要的服務。有些重要服務尤其必須出現在每一個頁面裡,譬如字型大小的改變。

<!DOCTYPE html PUBLIC "-//W3C//DTD XHTML
1.0 Transitional//EN" "http://www.w3.org/
TR/xhtml1/D   transitional.dtd"
<html xm   w3.org/1

電腦作業真的能幫忙整合各裝置與設施嗎？

導覽工具

就像有效的資訊架構和周全的無障礙空間一樣，網站各處也應該設置導覽工具，方便訪客盡快找到要找的頁面。

導覽工具列

通常主要導覽工具是放在頁頂或頁面左下角的側邊工具列。它應該出現在每個頁面裡，可以連結到網站的各個主單元。有些導覽工具列可以把每個主選單拉出來，連結到那個類別的子單元裡，使訪客可以跳過居間的頁面，節省時間。此外，為了標示訪客目前在網站裡的所在位置，也可以利用顏色標示出導覽工具列裡的相關位置。網站裡的每個單元都要有次要導覽工具列連結到各個相關子單元。

頁面標題

網站裡的各頁面都要有說明性的主標題，這做法很管用，可以作為瀏覽者的導覽指標。務必確保這些標題不難找到，字體級數最好比網站裡的正文大兩級，並使用不同的字型或背景顏色來凸顯，確保四周有足夠的留白空間。

麵包屑型網站架構（Breadcrumbs）

麵包屑型網站架構可以讓用戶掌握自己在網站裡的所在位置，了解自己是如何來到現在的位置。這通常是採用連結格式，為用戶提供簡易的方法回到前一頁。一般都會顯示出從首頁到現在頁面的路徑，而且通常放在標題下方。如果網站是一個深層結構的網站，這方法尤其管用，可增加內部連結的數量，有助搜尋引擎的優化。

頁尾

頁尾可再次提供通往主要導覽工具列裡各個主單元的連結，以及像**隱私權政策**、**條款與條件**和**網站地圖**這類次要頁面的連結。也可提供**回本頁上方**的選項。

超連結

超連結可以放進不同頁面的內文裡，導引使用者進入他們可能感興趣的其他資料。這些錨點文字必須清楚易懂，而且最好利用精選過的關鍵字來幫忙你達到搜尋引擎優化的目的。必須注意的是不要把超連結做的太小，大一點的連結比較明顯而且容易點擊。想要讓正文裡的超連結夠明顯，就得和正文裡的其他內容有所區別，方法是在超連結的文字下方劃底線，或者改變它的顏色或字體大小，網站裡的所有超連結都要有一致的形式。

除了文字超連結之外，也可以用圖片超連結。但是因為使用者往往只會掃瞄網頁裡的文字，所以不太注意圖片，因此你必須確保這些圖片超連結夠顯眼，可以被立刻認出是超連結。此外，也要記得除了圖片之外，也要有替代性文字，這對無障礙空間和搜尋引擎優化來說很重要。

網站地圖

網站地圖是一種工具，有助用戶在網站裡的方向導航，所以每個頁面都要有它的連結，通常是放在頁頂或頁尾。網站地圖會從視覺上去呈現網站的結構，提供通往所有頁面的連結。如果能有一個清楚的地圖，便能方便訪客很快找到要找的東西。再強調一次，提供大量的內部連結及增加搜尋引擎索引裡的網頁數量，才能有助於搜尋引擎優化。或許你希望只用一個網站地圖來涵蓋整個網站，但如果網站太大或很複雜，也可以設計一系列不同的網站地圖，放進網站的

<div id="footer">
        <div id="footer-wrapper">
            <div id="footer1">
                <h4>Be a part of our <span class="fontyellow">community</span></h4>

每個子單元裡。小心選擇錨點文字，務必讓訪客覺得清楚易懂，而且要充分利用關鍵字來幫助搜尋引擎優化。

　　此外，網站地圖可用來預防可用性出現問題。一旦設置好網站地圖，便可利用它來追蹤顧客旅程，看看流動順不順暢，會不會遇到什麼意料之外的問題或死胡同。

站內搜尋

所有網站都應該在每個網頁的顯著位置設置站內搜尋工具，方便用戶盡快找到想找的資訊，此外也可以放**進階搜尋選項**（Advanced Search，這個連結通常都緊鄰於標準搜尋框），此舉可讓使用者以明確的條件進行搜尋。記得要提供說明，教導用戶如何正確使用進階搜尋設備。

　　要確保搜尋引擎結果頁（search engine results pages）是以方便瀏覽的格式呈現，並且能讓用戶根據不同條件來分類搜尋結果（譬如按日期、相關性等），而且還可以改變每頁搜尋結果的出示數量。

注意事項

一個好的搜尋分析工具（譬如 Google Analytics）可以幫忙評估站內搜尋引擎在各種條件下的搜尋功效，以便適度地更動與改善。

網址

　　想讓你的網站更容易被找到，網址必須簡單清楚和容易記，譬如 www.homefitnessdirect.com/treadmills。這樣一來，人們就可以直接鍵入網址，不需經過首頁。除此之外，在網址裡放入關鍵字，也對搜尋引擎優化有正面效果，因此在決定網站裡人氣網頁的網址時，一定要格外小心。

風格一致

如果你想讓網站容易導覽，一定要注意風格的一致性。網頁名稱、麵包屑型網站架構、主標題和連結文字（link text）都要彼此配合，舉例來說，麵包屑標籤所用的字眼和格式要和首頁標題提到的內容一樣。風格一致不僅有助訪客了解自己在網站裡的所在位置，也能讓他們確定已經

找到要找的單元。

網站創意

創意對網站的建構就跟功能一樣重要。光是有無障礙空間和容易使用這兩個特點還不夠，還必須能有效地吸引、留住顧客，甚至有足夠說服力來極大化購買率或登錄率。

網站個性

首先必須決定你打算建構出什麼類型的網站。你需要先知道這個網站的目的是什麼（是以交易為目的？還是以品牌塑造為目的？）除此之外，也必須決定網站的個性。當然網站的個性要反映出品牌的整體個性，而這部分往往會受到顧客人口特性和所在產業的影響。金融服務業裡的企業對企業網站，一定不同於以青少年為目標的遊戲網站。而即便是在同一個領域裡，也是可以區別出品牌個性與其他競爭對手截然不同。擁有一個輪廓清楚的明確個性，有助於統一所有行銷活動的風格，幫忙爭取新顧客，並在現有顧客的基礎上創造品牌忠誠度和愛慕度。欲知更多有關品牌塑造的詳情，請逕往**策略**一章。

　　要決定網站的個性，最好的方法之一，是把公司和顧客之間的關係比喻成兩個人之間的關係。你認識各種不同的人，每個人在你的生活裡都有其角色，譬如你可能有一個老派和博學多聞的爺爺，一個行事令你無法預測的有趣朋友，還有一位工作認真、能力很強的事業夥伴。他們每一個都是你生命中值得深交的人，都能在不同層面幫助你，無論你是要找樂子、尋求建議或是想解決複雜的難題。你甚至可以為品牌的個性化找到一個實際或虛擬的人物。先做這樣的練習，再想清楚你希望人們看見你的品牌時，會連想到什麼特質，這樣一來，不僅能確保這些特質將自始至終地出現在網站和其他行銷素材裡，也能把你想要有的品牌個性和它現在有的個性做比較，讓你更清楚該用什麼方法來改變公司的形象。

　　此外你也要記住競爭對手的個性，因為或許可以找到一個網路利基來幫忙差異化你正在促銷的品牌。律師事務所 Morrison and Foerster 的人才應徵網站（http://www.mofo.com/career/index.html）就是一個很好的例子。他們提供給應徵者的資訊，都是以異於平常的風趣方式來呈現，包括用 MoFo 的縮寫稱呼自己，塑造有趣、創新和古怪的風格，有別於其他稍嫌保守的律師事務所，但仍保持住高度專業形象。

```
<head>
    <title>Your Page
Title</title>
</head>
```

色彩

可以借助色彩提供訪客有關網站導覽和內容分類的線索，幫助他們更加了解網站。此外也可以利用色彩傳達網站個性。色彩選得不好，會讓一個本來設計精良的網站看起來廉價、不專業。所以設計網站時，色彩的考量很重要。

不同色彩令人連想到不同的心情，綠色令人連想到大自然和環保，紅色令人連想熱情和刺激，粉紅色給人女性化的感覺，藍色讓人覺得鎮定和平和，諸如此類。流行也對網站的色系有重要影響。某些色彩會定時流行。你應該選出少數幾種色彩作為色系的基礎。先挑出一種基色反映品牌個性，再添加幾種互補性的次要色彩。

注意事項

Adobe 有提供免費的工具可幫忙創作和分享不同色系（http://kuler.adobe.com/），或許會有幫助。

你可能需要在某種色盲模擬軟體上測試一下你想要的色系，並為網站提供一個高反差的版本，以確保視障訪客也能暢遊無阻。另一個要考慮的問題是留白空間的比例運用。網頁裡的留白空間可以讓它看起來不那麼擁擠，有助集中用戶的注意力在網頁的重要位置上。不過留白不宜太多，會使網站看起來枯燥乏味，而且應該充分運用空間，為訪客提供更多資訊。因此你需要在這兩者之間拿捏平衡，不要太極簡，也不要太眼花撩亂。

文字編排

網站要清楚易懂，這很重要，而其中的要件就在於網站的文字編排。整個網站的文字編排風格要一致，字體大小、顏色、字型的改變要整齊一致，如果各頁面有一定程度的統一格式，看起來會比較專業。文字格式的使用要小心，謹慎使用底線、粗體、斜體來強調重點，幫忙打散太長的內文，但使用過多，會顯得很不專業。同樣的，盡量避免使用全是大寫的英文字，因為較難閱讀── WE ARE USED TO READING IN LOWER CASE AND IT CAN THEREFORE TAKE US LONGER TO RECOGNISE CAPITALISED WORDS（我們習慣讀英文小寫字，要讀懂大寫字，得花較久的時間）。不過適度使用大寫英文字母有助於強調重要字眼或措辭。另一個要記住的是，如果內文的段落很長，欄寬要相對地窄一點，不要超過螢幕的二分之一寬，這樣比較好讀，也容易快速瀏覽。此外，反白字體的使用要小心，譬如黑底白字。因為它比較難閱讀，若是訪客想把頁面印出來，也會構成問題。最後在超文件標示語言裡，請盡量選用多數電腦都會安裝的常見字型，譬如 Verdana, Helvetica 或 Times New Roman。

注意事項

文字編排可以有效地塑造品牌。許多公司（譬如可口可樂和 BBC）光憑文字便能讓人一眼認出。但這很難在網路上辦到，因為某些字型並未安裝在所有用戶的電腦裡。因此若是使用較少見的字型，一定要小心。通常訂做出來的字型大多不能用。

文案

從某種程度來說，為網站寫文案就像為其他媒體（譬如直郵廣告或電郵）寫文案一樣，但是有兩個重點必須強調，第一，網站比其他媒體更不能出現段落太長又沒有變化的文字，因為不利瀏覽，會嚇阻掉許多線上用戶。因此千萬

別使用太累贅和複雜的字句。濃縮內文，在符合品牌個性的前提下，用口語的方式說出重點。為了讓內容容易瀏覽，只要頁面出現很長的內文，就把它分成幾個段落，每個段落都有不同標題，並利用不同顏色、粗體或斜體字來強調關鍵字或關鍵詞。此外，也可以用逐點列出和編號方式來分割內文。可能的話，將內文往別的頁面延伸，這樣一來，任何頁面都不會出現太冗長的文字，還能確保最重要的資訊一定出現在可顯示範圍裡。

為網站寫文案所必須注意的第二個重點是搜尋引擎優化。誠如在**搜尋引擎優化**一章裡提到過，你應該找出每個頁面裡的幾個關鍵語，確保它們被放進內文裡，再加上適當的中介標籤（meta-tags）。你的寫法要自然，因為如果你選的關鍵詞重複太多次，搜尋引擎可能會處罰你。內文裡提供超連結連到網站的其他頁面，也是一個好方法，這可以改善你在搜尋引擎結果頁裡的排名位置，不過它一定要和頁面裡的資訊有所關聯才行。要提升搜尋引擎優化成果，最好的方法就是說服大家連進網站，想做到這一點，唯一的方法是持之以恆地寫出值得閱覽的文章，讓讀者想和自己網站裡的訪客分享。你可以寫一些教學用的指南，或者寫點文章或部落格的貼文，提出你對現有產業發展有趣或異類的看法。

常見頁面

首頁

首頁（Home Page）的功能有兩個。第一個是發揮網站大門的功能，以及提供一個空間，讓訪客巡覽到其他單元時，仍可以回訪。第二個功能是介紹訪客認識你的品牌、公司以及產品／服務，並說服他們購買。因此你要確保首頁的設計可以方便訪客快速瀏覽，並能說服他們進入重要的網頁。

和前面提到的導覽工具一樣，首頁也能提供個人化的連結，讓訪客連上最近才瀏覽過的產品或網頁，也可以根據各訪客的瀏覽或購買歷史，連上他們最推薦的產品或網頁。如果有任何特別吸引人的特惠活動資訊，也必須放在這裡，甚至可以放前十大熱賣商品或人氣商品。

注意事項

盡量避免使用引言頁（Introductory Pages，出現在首頁之前的頁面，上面會有flash動畫，還有一個「略過」的按紐），因為不管引言頁的設計有多吸引人，多數訪客只想找他們要找的資訊，不會花時間看你的引言，而且很多人可能都對這頁引言沒什麼感動，反而覺得很討人厭。

關於我們

關於我們（About Us）這個頁面通常很受第一次來訪訪客的歡迎，所以很適合用來詳細說明公司的價值觀和作風，還有人們為什麼應該購買這個品牌。通常這個空間是用來解釋公司的歷史和一些重要人物的經歷，將品牌予以人性化，強調品牌的專業以及同儕和客戶對它的評價。除此之外，也可以把從獨立單位得來的獎項、好評和推薦全放進來。還有一個好辦法是，你可以在這裡談一下公司的未來目標，因為這個頁面通常都在回顧過往的成就，如果能往前看，討論品牌五年或十年後的目標，會讓人覺得你比競爭對手更有衝勁，更具有前瞻性。

常見問題

常見問題（Frequently Asked Questions，簡稱FAQ）這個頁面也很受歡迎，它能幫助訪客找到公司的服務資訊。就e化商務網站來說，訪客會去FAQ網頁，是因為他們對某樣東西有某種程度的購買興趣，在決定購買之前，想設法多了解相關細節。因此FAQ網頁的品質是促成銷售的重要因素，必須做妥善的設計。一開始你要先預想顧客可能會問哪些問題，然後去看看其他類似網站的FAQ頁面，調查一下它們提供了哪些資訊。為了要讓訪客購買，舉凡訪客必須知道或想知道的事情，都得詳細說明，包括各種付款方式的細節、退貨政策、預定的交貨時間和成本等。此外，你也要回答人們可能問到的無障礙空間問題。但如果擔心問題太多而使FAQ頁面變得過於龐大，可以把問題分門別類成幾個單元，加快搜尋主題的速度。

雖然你會盡量設計出一個周全完善的 FAQ 頁面，但還是可能沒辦法顧及到顧客想得到的所有問題。所以你應該提供顧客服務中心的聯絡資料，此外也可以把 FAQ 頁面連上某論壇或留言板，那裡的使用者會互相支援，幫忙解決問題。

產品細節頁

產品細節頁（Product Detail Pages）是說服訪客購買商品項目的主要競技場。設計方式視販售的商品而異，但一般來說，都會有圖片和推銷文案，也會試圖交叉銷售。要小心的問題是，很多人到現在都還對線上購物有成見，認為看不到也摸不到商品，所以你得提供高畫質的商品照來彌補這個缺失（最好從各種角度去拍攝），必要的話，利用圖解或嵌入的視訊來表現商品的使用狀態，讓顧客了解使用方法。此外也還有其他創新手法可以做到這一點，譬如亞馬遜網路書店（Amazon）的「內容預覽」（look inside）便能讓讀者像看實體書一樣翻閱前面幾頁的內容。

注意事項

擴增實境（Augmented Reality）是一種虛擬世界與實體互動的技術，它是很有趣的方法，可讓線上商品更貼近顧客。舉例來說，顧客可以在網路攝影機前拿著一張卡片，讓商品的影像重疊在卡片上，當他們轉動卡片時，螢幕上的商品也會跟著轉動，這能讓顧客操控商品，從各個角度去審視它。

除此之外，內文也要提供商品詳盡的規格說明，這些都是顧客可能想知道的。

除了提供商品細節之外，也要設法說服顧客購買，以簡潔扼要和容易瀏覽的方式說明商品的主要好處。盡量放進顯眼的行動號召文字，譬如一個很大的按紐，上面寫**現在就購買**或**放進購物籃**。可以的話，讓顧客自己訂做他要的商品，包括顏色、尺寸或其他選擇。盡量讓顧客在商品頁裡挑出他們想要的規格（最好不要用彈出的視窗），選好顏色後，還能看見商品換上顏色後的更新照片。最後你應該試著在商品細節頁裡交叉銷售，除了現在正在瀏覽的商品之外，再另外推薦購買或改買其他可能感興趣的商

品。如果他們想多買一點，可有特價優惠。但你必須小心，不要在商品細節頁裡塞進太多交叉銷售訊息。重心還是應該擺在他們正在瀏覽的商品上

結帳頁

購物籃（Shopping Basket）和**結帳頁**（Checkout Pages）要注意的重點是，付款流程必須快速流暢，容易理解，才能方便更多人完成購買。通常你會要求對方先以會員身分登入，或者先註冊為新會員。在做這件事的時候，要盡量避免讓顧客進入彈出式的註冊視窗，設法將註冊流程和剩下的購買流程天衣無縫地接合起來。盡量鼓勵新會員在註冊過程裡勾選電郵或時事通訊，以便日後告知促銷活動的細節。

你應該盡量簡化顧客的購買步驟。結帳流程最好不超過四到五個步驟。供顧客確認購買的基本結帳流程包括**註冊／登入、付款細節和訂單總結**三大部分。你可能覺得有必要再加其他東西，但還是要盡量簡化，交易越容易，就越多人購買。

出示訂單內容，可以讓顧客放心，知道自己沒有買錯商品。此外也別忘了強調付款系統的安全性，畢竟有些人就是對線上購買不放心，所以應該提供系統安全及可靠度的說明內容。等交易完成後，還得要出示另一個頁面，確認付款已經完成，謝謝他們的購買，並重申貨品的交付方式以及何時可以收到，也可以再順道推薦顧客可能感興趣的其他商品。

登陸頁

登陸頁是人們在回應某些特定行銷活動時（PPC 搜尋行銷〔pay per click 的縮寫，意思是按點擊付費〕、橫幅廣告等）會被帶進去的頁面。登陸頁的目的是要說服訪客採取行動，這通常意謂要訪客購買或者要訪客輸入他們的聯絡資料，以便日後聯繫。登陸頁得視手邊的行銷預算及販售的商品內容而異。它可能只有一頁，也可能是專為某行銷活動設計的一個微網站。比較著名的例子是貓鼬比較網站（comparethemeerkat.com，英國保險公司）。必要的話，你可以把行銷活動的目標群直接導引到一般頁面裡，譬如適當的產品頁或首頁。但如果有預算，我們強烈建議你訂做一個登陸頁，利用它來製造銷售業績。登陸頁的內容必須要有針對性和關聯性，頁面上的銷售文案要跟導引訪客

前來的促銷活動內容相符，兩者的特惠活動細節必須完全一致。訂做式的登陸頁可以有一個完全以特定促銷活動為主的版面編排，不需要和平常的導覽工具列、頁頂、頁尾等擠在一起，在一般網頁裡，那些東西常占掉不少空間。

跨媒體整合

延伸內容

如果你已經花了時間和心力製作出高品質的內容，那麼下一步就是找到目標顧客群來看，人越多越好。網站在這方面的幫助很大，因為它們可以連結或嵌入網路裡的任何媒體。譬如YouTube以及許多視訊內容網站，都能讓它們的視訊嵌入你的網站或部落格，所以很方便你的用戶進行存取。網路讓內容的交叉連結變得難以想像地簡單，如果你有很棒和很具吸引力的非線上內容，也可以利用類似方法將它普及化，你可以把最近體驗過的活動放進YouTube，透過社群媒體傳播，或者把你的型錄和郵件以PDF檔上傳，放進網站。也可以借助擴增實境、近頻通訊（Near Frequency Communication，在兩種裝置和QR碼之間無線傳輸資料的一種方法，所謂QR碼是一種條碼，裡頭的資訊可以透過掃瞄器和智慧型手機的apps來存取）將網站內容帶進現實世界，這樣一來，你所運用的所有管道都能互相連接。只要能把所有媒體都連接起來，便能吸引到更多視聽群，不管他們是用什麼媒體在觀看你的內容，都很輕鬆自在。

網頁設計 個案研究

資訊架構

說到網頁設計，準備工作很重要。好的網站地圖會向用戶說明資訊的自然流程，並提供你一套團隊成員都能接受的合理計畫。

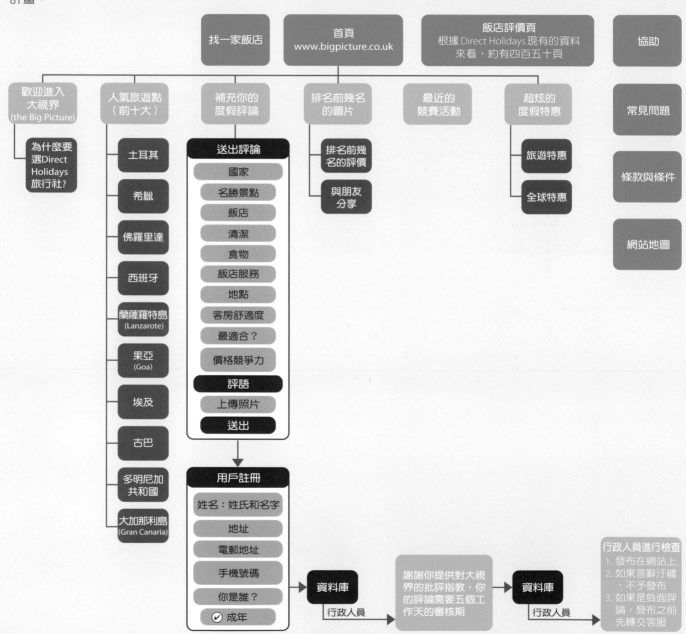

資訊架構

上網站瀏覽的訪客要的是資訊，他們通常會透過搜尋功能找到它。要把搜尋功能做得好很難，但是做不好，網站就毀了。

自行輸入文字進行搜尋，
但另外附有選項式搜尋功能

可以增加額外收益
的橫幅廣告空間

只要點擊地圖，便
可依旅遊點來搜尋

也可以在「最適合」
的選項裡進行搜尋

複式搜尋工具，
有助於鑽探出更多
詳細資訊

資訊架構導覽

網頁必須能夠輕鬆巡覽。所以你要深入研究目標視聽群的心理，了解他們需要什麼，還有什麼地方會需要。

滑鼠游標一碰到，
轉輪顏色就會跟著改變

清楚的主要導覽

清楚的文字編排

清楚的頁面標題

資訊架構內容

圖片和文案不要花稍過頭,每個頁面都要力求簡單均衡,不能有任何東西引起混淆,或阻礙用戶的使用經驗。

圖片或畫面要均衡

製造的效果和趣味性,不要太過複雜

資訊被分成幾個可以
清楚辨識的單元

各單元有下拉式選單可供深度
連結,滿足特定的搜尋需求

資訊架構——無障礙空間

網頁的無障礙空間可能是礙於法律規定才製作出來，但這不表示你可以敷衍了事。一個完善周密的無障礙空間設計，可以讓你的網站具備真正的優勢。

為色彩障礙者準備不同色彩選項

為視障者準備不同尺寸的字體

清楚的主張

為螢幕朗讀器提供低分辨率圖形（low graphics）

清楚的指示

內文字體夠大

清楚的導覽

資訊架構──無障礙空間──色彩和低分辨率圖形

不要忘了老年人口，如果你以為網路只有年輕人會用，那就錯了。網頁設計師也許喜歡用小字體，但你的目標視聽群可不這麼想。

另一種色彩選擇

低分辨率圖形

資訊架構——趣味性的設計

想想看這世上有多少網站。你的網站要出眾，就得有不同的思維，以趣味性的設計來抓住用戶注意，利用互動性元素吸引他們。

為螢幕朗讀器準備的低分辨率圖形

利用搶眼的圖形來引起興趣

可以選擇不同的主持人
為訪客介紹網站

直接號召行動

首頁有獨一無二的視訊影片

資訊架構焦點

想想你的目標視聽群，他們對商品／服務比較有興趣，還是對提供商品／服務的公司有興趣？用戶在乎的是什麼，就以它為重心。

被游標指到的人，會開口說明自己的信念

點擊其中一個，就有視訊影片出現

很酷的字型和文字編排

有趣的字型

曬衣繩是陳列資訊的常用手法

輪流出現的照片

奇特的圖片

借助真人／重要團隊成員來建立可信度

游標指到誰，就會露出有趣的表情

明亮的色彩製造出穿透感

搜尋引擎優化

優化

搶先一步
找到顧客

要提升網站流量，搜尋引擎扮演著重要的角色。其中一個吸引顧客的方法是，透過不同促銷活動去說服人們搜出網站。但想提高訪客流量，網站就必須借助搜尋引擎優化（簡稱 SEO）在搜尋引擎結果頁（簡稱 SERPs）裡占到好位置。想占上好位置，不是件簡單的事，你必須花時間了解搜尋引擎的運作方式，然後調整線上策略，才能見到成效。

搜尋引擎背後的技術非常複雜，但其基本運作方式不難懂。搜尋引擎是利用一種叫做蜘蛛或機器人的程式，順著連結展開爬行（這是一種對所有網頁展開有序掃瞄的方式，又稱之為蜘蛛爬行〔spidering〕），將每個網頁裡讀得到的字全抓出來建立索引。而每次做搜尋時，搜尋引擎都會利用一種複雜的演算法算出相關性，再依序排名。這種演算考量很多標準，包括該關鍵字或關鍵詞在網頁裡出現的次數，以及從別的網站反向連結（Backlinks）到該網頁的次數。這種演算法不會對外公開，但你可以推斷得出搜尋引擎是根據什麼標準在做搜尋結果的排名。這些演算法經常變更，所以你得不時改變自己的搜尋引擎優化策略。

這一章會涵蓋SEO幾個最重要的層面，包括如何讓網站放進索引；如何透過關鍵字的運用以及有利於蜘蛛程式的組織結構去優化網站；如何鼓勵外部網站的連結和避開不道德的**黑帽**（Black Hat）手法。

上搜尋引擎登錄網站

SEO的第一步就是確保網站裡的網頁都被放進搜尋引擎的索引裡。以前我們必須自行上各搜尋引擎登錄網站，如果有任何更動，便得再登錄一次。還好現在的搜尋引擎機器人程式可以主動執行這動作，它們會順著連結找到網站，還會時常回去檢查有沒有任何更新。所以一有新的網頁或修改過的網頁，都能很快加進主搜尋引擎的索引裡，至於多快，這得視網站的人氣程度而定。所以你應該把重心放在外部的反向連結上，機器人程式才會立刻注意到你的網站，確保你的更新會被立刻處理。

如果你希望網站裡的所有頁面都被放進索引，可以考慮在搜尋引擎裡登錄一個**可延伸標記語言的網站地圖**（XML sitemap）。

> **辭彙解釋**
>
> XML網站地圖是一個放在你網站裡的檔案，裡頭有索引方便搜尋引擎巡覽網站，但是訪客看不見（它是在根目錄裡）。

這將有助於更多網頁被放進索引，並鼓勵搜尋引擎常來網站爬行。網站地圖設置好之後，會登錄在搜尋引擎裡，所以它們知道上哪裡找它。網站地圖對複雜的大型網站來說尤其重要，尤其是如果你有一些不容易被機器人程式找到的網頁，譬如因為它們不容易互相連結，或者內含一些搜尋引擎爬不進來的內容，像PDF檔或Flash。

> **注意事項**
>
> 你或許也想上雅虎這類目錄去登錄網站，因為它們必須靠網站自己手動登錄網址，而不是主動送出機器人程式。它也能幫忙網站吸引流量，取得連結。此外，機器人程式也經常爬進這些目錄，所以也是個能將網站放進索引和經常被更新的好方法。

關鍵字與關鍵語

決定網站在搜尋引擎裡排名結果的主要因素之一，是看網站內容裡那些關鍵字和關鍵語的相關性與密度。這表示你得設法先知道潛在顧客可能使用的搜尋用語，然後盡量在網站的所有網頁裡使用那些關鍵字或關鍵語。

選出正確的關鍵語

第一步是決定哪些關鍵語應該瞄準。要找出可能的關鍵語，方法很多，最簡單的方法是開個創意研討會，把自己當成潛在顧客，假想如果你要搜尋某項服務，你會使用哪些關鍵字或關鍵語。舉凡和商品、服務、地理位置、價格暗示（便宜、預算等）、品牌名或甚至和競爭者品牌等相關字眼，都要放進來。

. . . .

另一個有效的方法是檢查一下競爭對手網站裡的關鍵字標籤。它們的格式是這樣：

<META name="keywords" content="keyword1, keyword2">

進了他們的網站之後，只要在瀏覽視窗裡點擊「檢視」，再點擊「原始檔」，便能找到這些標籤。

. . . .

彙整好關鍵語的清單之後，可以再往外延伸，將類似和相關的關鍵語加進來，譬如它的複數形、同義字、不同組合的詞語、有連字符號或無連字符號的詞語。另外也要刪掉太粗鄙或太模糊的關鍵語。等你整理出一份範圍夠大的可能關鍵語清單之後，便可借助某種線上工具來評比它們的普及度，查驗有無其他關鍵語可以替代。

市面上有很多免費服務，包括谷歌的關鍵字工具在內：
http://adwords.google.co.uk/select/KeywordToolExternal

但建議你最好找付費服務，譬如 Wordtracker.com，因為它不僅能分析關鍵語在各主要搜尋引擎裡的普及程度，還能為你提供其他替代性的關鍵語，並指出每個關鍵語的競爭力如何。

注意事項

潛在顧客是如何搜尋的？你可以把蒐集來的資料運用在所有行銷活動上，不管是線上還是非線上。找到最常用來搜尋的關鍵字或關鍵語，看看能否運用在其他媒體的標題上。

關鍵語的頁內優化（on-page optimization）
集中焦點
這個階段的你應該已經蒐集了幾十個甚或幾百個還不錯的關鍵語，可依重要順序予以排列。而所謂的重要順序得視各關鍵語的相關性、普及性和競爭力而定。設法將焦點集中在各頁面的一、兩個關鍵語上，但也要加點其他關鍵語進來，前提是不要犧牲了內容的品質和可讀性。

注意事項

為網頁寫文案時，一定要把關鍵語清單放在身邊，隨時查看有沒有機會放進文案裡。

關鍵語的密度
以前的網頁排名常以關鍵語的出現頻率作為重要的選擇指標。但礙於某些惡名昭彰的網站會借助大量重複的關鍵語來達到傳播垃圾郵件的目的，以致於現在多數搜尋引擎都改弦易轍地強調關鍵語的密度而非頻率。所以適當的密度才是優化的表現。這樣的要求是為了獎勵那些寫法自然而非塞滿關鍵語的網站。

如果某個關鍵語在一百個字的頁面裡出現五次，密度便等於百分之五，顯然高過於五百字裡出現十次的百分之二。但風險卻是字數龐大的大型文件可能會有偏低的關鍵

語密度。為了避免這一點，大型文件最好分散在幾個互相連結的網頁裡。理想的目標是，密度最好設在百分之五到百分之十之間。但要小心，因為密度如果高於百分之十，可能會被處罰。假若網頁裡的關鍵語太多，你可以換成同義字或重新安排關鍵語裡面的字母，藉此緩和密度。

搜尋引擎現在也很重視同義字，會利用它來過濾掉關鍵語泛濫的網頁，獎勵那些寫法自然、以同義字取代無限重複同樣詞語的網頁。所以你應該把關鍵語的同義字也放進網站中介標籤描述和標題標籤裡，不過這最好還是留給SEO 專家或網頁開發設計師來處理。

文字格式
有很多方法可以向搜尋引擎強調某特定的字或詞語的重要性。你可以把關鍵語放在各種不同的標題和副標題裡，充分利用各種 HTML 頁頂標籤（<H1>,<H2> 等），也可以利用粗體、斜體和逐點列出的方式來指出某關鍵語的重要性。這些方法的功效可能不大，但效果是累積的，結果自然大不同。另外一個要注意的地方是關鍵語在網頁裡的位置。最好讓關鍵語出現在內文的開頭和結尾，然後以遞減方式重複出現，貫穿全文，文章開頭才會有較高的關鍵語密度。

< TITLE > 標籤
在網頁的 < TITLE > 標籤裡使用關鍵語，會對它在 SERP 的位置有重要影響。搜尋引擎很重視 < TITLE > 標籤，所以要小心，別只用一個普通的歡迎語而白白浪費了這個機會。反而應該把網頁裡精挑出來的關鍵語放進標籤的前面位置，後面跟著其他適用的關鍵字或關鍵語。< TITLE > 標籤的英文字數不可以超過六十個，要直接放在 < HEAD > 標籤的正下方。

注意事項

千萬記住，< TITLE > 標籤會像連結錨點文字一樣呈現在SERPs 裡，所以必須確保它能為網頁做精確的說明，最好還能號召行動。

描述中介標籤
描述中介標籤（Description Meta Tag）通常會出現在SERPs 裡，有超連結可以連進網站，因此對點擊率有重要

影響。可能的話，你應該為含有目標關鍵語的各網頁製作不同的中介標籤，要不然搜尋引擎（尤其是 Google）只會在搜尋結果顯示片段文字而已，而這種顯示方法不太可能說服得了瀏覽者點擊進去。雖然在搜尋結果頁裡只能顯示大約二十個字的標籤，你還是要讓它發揮號召行動的作用，所以要確保你的訊息精簡準確，直指重點。

關鍵字中介標籤

和標題及描述標籤比起來，**關鍵字中介標籤**（Keywords Meta Tag）比較沒那麼重要，因為訪客完全看不到它，而且對 SERP 的排名位置影響也不大。但是搜尋引擎可能會利用它來理解各網頁內容的性質，所以對那些不容易被搜尋引擎讀懂的網頁來說，關鍵字中介標籤會很管用。你應該放進十到十二字左右的關鍵字標籤，裡頭要有具體的關鍵字，並標明網頁內容。

網站設計

網站設計和結構的優化就如同關鍵語的運用一樣重要，其中包括導覽系統，以及影像的運用和豐富的媒體內容。這些因素都對 SERP 的排名位置有影響（不是好的影響就是壞的影響）。所以要多留意這個領域裡常見的範例作業。

導覽系統

如果網站只使用 JavaScript 導覽系統，搜尋引擎會比較難找路，意思是說，很多頁面可能不會被放進索引裡，除非從別處連結它們。因此，你一定要放進一個基本的 HTML 導覽系統，讓搜尋引擎的機器人程式比較容易進入。譬如在每個頁面的最下面放各種簡單的文字連結，也會比較方便訪客巡覽你的網站。

加頁框的網站（Framed Sites）

在加頁框的網站裡，瀏覽者的視窗會被分割成塊，每一塊都是一個網頁。現在這種做法已屬罕見，而且你當然不應該在網站裡加頁框，這會讓搜尋引擎很難理解裡頭的內容。因為搜尋引擎的設計是為了把網頁編入索引，而不是把頁框編入索引。少了「母框」，各頁框可能就沒什麼意義。此外頁框的存在也有礙列印和書籤的使用，所以應該避用。簡而言之：頁框是不好的。

外掛程式（Plug-ins）

Flash 動畫以及像 Java 這類外掛程式也可用來製作內容，這種內容會特別有趣，而且具有互動性。這些應用程式的文字有時候也會被搜尋引擎編進索引，但一般來說並不像那些以 HTML 為主的文字那麼容易。所以強烈建議避免網頁只以 Flash 動畫或其他外掛程式內容組成，至少要加點基本的 HTML，同時充分利用＜TITLE＞標籤和敘述中介標籤，才能明白標示網頁的內容。

嵌入的文字

所有網頁都由影像組成，文字則被嵌進影像裡，這樣的例子也不是不常見。雖然這種做法可以給設計師們更大的文字表現空間，而且比 HTML 編碼的運用來得容易創作，但是搜尋引擎看不到這些嵌入的文字，所以在 SERPs 的排名自然也不佳，而且要載入這些網頁，速度很慢。

動態式內容

動態式網頁是從資料庫裡即時創造出來，所以在不同環境背景下，同一個網頁會有不同的呈現。搜尋引擎不喜歡動態式網頁的原因很多，往往拒絕將它們編進索引。主要原因是搜尋引擎擔心會有幾近相同的大量頁面全被編進索引。搜尋引擎通常偵測得出來哪些頁面是動態式頁面，因為它們會出現不尋常的字體，譬如？、＆、、！。但是你可以利用 URL 重寫（URL rewriting），讓搜尋引擎以為動態式網頁是固定的。不同伺服器會有不同的 URL 重寫工具來幫忙你做這件事，所以如果你想讓動態內容被主搜尋引擎編進索引裡，值得放手一試。

工作階段識別碼（Session IDs）

工作階段識別碼是用來識別個別訪客，在他們巡覽網站時，加以追蹤。每個用戶都有一個特定的識別碼被放進網頁的網址裡（URL），這會混淆搜尋引擎，造成網頁被不當編入索引或完全沒被編入。為了避免這問題，你可以選擇將識別碼儲存在 cookie 而非 URL 裡，或者儲存在一個可以設計程式的網站裡，這樣一來，就能專門針對搜尋引擎機器人程式移除識別碼，但一般用戶還是可以使用。

辭彙解釋

Cookie 是一種小型文字檔案，被儲存在用戶的網路瀏覽器裡，可用來有效地「記住」購物籃內容、偏好的網站，或者任何可透過文字資料的儲存所完成的事情。

內部連結

從網站裡的網頁連結到另一個網頁,這對搜尋引擎的排名來說,並不像從外面網站來的連結那麼有效,但是你可以充分掌控內部連結,而且如果運用得當,也是會有不錯的實質效果。每個頁面都要有導覽工具列,才能有效提升目標網頁被連結的次數。此外,也可以利用**麵包屑痕跡**(Breadcrumb Trails)和**頁尾文字連結**(Footer Text Links),將各網頁做更周密完整的連結。它們除了有助於導覽之外,也能提高內部反向連結的數量。利用**網站地圖頁面**(Sitemap Page)裡的連結將網站裡所有主要頁面連起來,這方法也很管用。可以的話,盡量在網頁的內文裡放入連結。而且要設法利用文字連結,而不是圖像連結,因為文字連結比較容易被機器人程式追蹤到,條件許可的話,錨點文字連結要使用對目標網頁來說合宜的關鍵語。

複製

大部分的主要搜尋引擎都會運用一種**複製內容過濾器**(Duplicate Content Filter),意思是說,如果不同網頁的內容大抵相同,其中一個網頁或多數網頁就會從搜尋引擎的索引裡被剔除。這種情況的發生通常都是同一個網站裡的不同網頁基於某些原因而顯得雷同,譬如它們都在展示類似的商品,或者別人複製了一個網頁(通常是透過一種叫做**螢幕抓取**〔Screen Scraping〕的方式),放進自己的網站裡。因此你得確保每個網頁都有它獨有的內容,利用中介標籤來區分內容類似的網頁。此外,也應該定期檢查有沒有其他網站剽竊內容。copyscape.com 在這方面是個很好用的工具。

連結的重要

搜尋引擎將頁面的連結當作是內容品質的指標。基本上每一個連結都等於為該頁面的品質保證投上一票。有了連結,搜尋引擎的機器人程式才能更容易找到頁面,並有助搜尋引擎了解網站內容。如果有很多古典音樂網站都連上某個網站,搜尋引擎便會認定這個網站可能和古典音樂有關。

所有主要搜尋引擎都有自己的系統去做網頁排名,它們根據的是反向連結的數量與品質。谷歌的系統被稱之為網頁級別(PageRank),由於谷歌是目前為止最受歡迎的搜尋引擎,所以最好設法提升你的網頁級別。你若有辦法讓網頁級別提高,在其他搜尋引擎上也能得到好的排名。

要想為任何網頁估算出網頁級別,其實並不難,只要在網際網路提供者(簡稱 ISP)上面(譬如 Firefox 或 Internet Explorer)安裝 www.toolbar.google.com 裡的谷歌工具列,那麼你打開的每個網頁,其網頁級別都會顯示在工具列裡——如果工具列呈白色,網頁級別指標就是 0;如果工具列呈綠色,網頁級別指標就是 10。

> **注意事項**
>
> 網頁級別可能是在一種對數刻表上計算,所以 1 和 2 分之間的差異遠比 7 和 8 分之間的差異來得小很多。

連結價值

有些連結比其他連結來得有價值,因為搜尋引擎會試著獎勵有意義的連結,處罰那些不擇手段的外連建設(link building)活動。

連進來的網頁如果級別高,會比較有價值

如果連進來的網站本身也有很多連結,這對網頁級別有很大幫助,因此你的外連建設目標應該以人氣網站和知名網站為主。此外,鼓勵這些網站接受級別高的網頁連結,也是不錯的點子。

連進來的網頁如果沒有太多其他連結,會比較有價值

單一網頁可以分配的票數有限,所以網頁上的連結越多,被連結的各頁面所分到的票數就越少。意思是說,你應該鼓勵其他網站接受只有少數其他連結的網頁所要求的連結,避開像瘟疫一樣的大型連結網頁。

連結會對網頁級別造成影響

只有個別網頁才有網頁級別,它不是以整個網站來看。所以你可能會發現網站裡的某些網頁,其網頁級別高於其他網頁。解決的方法是,設法讓這些網頁互相連結,就能把網頁級別分散到整個網站。當一個網站連結到外部網站時,它會損失掉一些本來可以為自己網頁加分的票數。即便如此,也不應該因噎廢食地不和其他網站連結,但你必須想辦法將這些連結盡可能按順序地集中在少數級別較低的網頁裡,以便將損失降到最低。此外當你在編寫外部超連結時,可以運用 Nofollow HTML 的屬性來阻止搜尋引擎機器人程式追蹤這些連結,進而避免將頁面級別損漏給外部網站。

這裡要注意的是,如果搜尋引擎認定網頁裡的對外連

結是某種連結中樞（Hub），便可提高它的網頁級別。所謂的連結中樞是指一個網頁連了許多其他外面的網頁，而且都有特定的主題，搜尋引擎通常很喜歡這種層級的網頁，會給它們很高的排名位置。要做到這一點，方法是你可以把重要的連結網頁分成幾個主題明確的較小網頁，這樣一來，這些網頁就會被歸類為連結中樞。你也可以鼓勵其他網站從中樞網頁而非大型的一般連結網頁那裡去連結。

連進來的網頁如果內容相關，會比較有價值

網站裡的連結是在一個背景下，這一點也很重要。搜尋引擎會評估該頁面裡關鍵語或同義字的運用方式（尤其是在標題標籤和標題文字裡）以及它們在連結錨點文字裡的運用方式，藉此確認背景。如果連進來的網頁內容與你本身的內容類似，會比領域不同的網頁或網站更受到重視。因此你應該努力把連結貼在和你相關的網站上，此外，也要多鼓勵錨點連結文字裡放你精挑的關鍵語，而非品牌名或者像「點擊這裡」這類一般用語。

網頁的連結吸引率會影響網頁級別

如果有個網頁能在短時間內吸引到很多相關網站的連結，這表示它的內容具有話題性且品質良好，搜尋引擎就會加以獎勵。如果這些新連結的速度慢了下來，表示網站人氣正在降低，即便以前的反向連結還在，網頁級別也會受到負面影響，因此連結建設必須持續進行。

有些連結對網頁級別幫助不大甚或毫無幫助

網站以前都會有線上**訪客簿**（Guest Books）供訪客張貼自己的連結。可是搜尋引擎很快弄懂了這個手法，因此像這類網頁連結現在已經無足輕重。

　　連結工廠（Link Farms）是自動化系統，可以讓大量網站加入其中，目的是要交換連結。這是一種用來衝人氣的人工手法，使用這種方法不僅無法改善網頁級別，甚或可能受到搜尋引擎的嚴厲懲罰。

　　免費自由參加（Free For All，簡稱FFA）── FFA網頁可以讓每個人貼上連結，連回自己的網站。由於這些網頁往往有大量非相關的連結，因此就算反向連結到這些網站，也對網頁級別沒有太大幫助。

　　Nofollow屬性先前曾提到過，它可以放進超連結的HTML編碼裡，阻止這個連結提升目標網站的網頁級別。你應該檢查看看網站裡有沒有什麼連結是有Nofollow屬性，如果有，可以要求它移除，或者把重心放在沒有

Nofollow屬性的網站上。

取得連結的方法
重視內容

要想不斷吸引相關網站和人氣網站大量的反向連結，最好的方法就是製作出很棒的內容（**或稱連結誘餌**）（Linkbait）。太普通的內容不太可能引起注意，所以當你在為網站添加新素材時，一定要試著製作出一些真正有

加以**優化**，
提升流量的
質與量。

用、具有原創或趣味性的東西。要想創作出具有連結吸引力的內容，有幾個不錯的方法可以試試，譬如放些教學指南、新聞內容、強調議題與創見的部落格、新產品的評論、視訊和播客（Podcasts）。這些都是製造波浪時會運用到的主要元素。

充分利用各種關係

如果你正在為自己的網站進行SEO，那麼你要做的第一件事應該是拜託那些有架網站的熟人（不管是做生意的網站還是部落格）與你的網站連結。如果你有加入社群網絡（譬如臉書或推特），也要周告大家你設網站了，希望能夠連結。此外也可以試著聯絡你所屬的商業公會，看看他們能否連結到你的網站。如果不是會員，可以考慮加入。產業公會網

站可能都有會員目錄或專門網頁來連結會員的網站，若果真如此，你更要確定自己的網站有否被納入。最後，可以考慮聯絡你的主要供應商和客戶，要求連結。你的供應商應該很好說服，如果他們真的在乎你這門生意，應該願意提供網站的連結。要是你是很重要的客戶，甚至可能同意將你的連結放在首頁，這將非常有助於你的網頁級別。

社群書籤（Social Bookmarking）

像 Delicious 和 Digg 這類社群書籤網站，可以讓人們記錄自己的線上書籤，任何一台電腦裡都可以存取，同時還能和其他線上使用者分享。當書籤在使用者的首頁裡被創造出來之後，便等於為這個加了書籤的網頁創造出一個連結，非常有利於它的網頁級別。所以如果可以的話，應該在每個網頁下面放進主要社群書籤網站的連結。但是社群書籤對 SEO 的重要性來說可能正日益減弱，因為像 Delicious 這類網站如今都在外部連結放進 Nofollown，因此就算有反向連結，也對網頁級別不再有幫助。但還是可以從社群書籤網站的其他用戶那裡為網頁帶進一些流量。

找到其他網站

你應該利用像 Yahoo Site Explorer 這類線上服務去調查誰正連上競爭對手，可以的話，也請求和他們連結。此外，還可以調查哪類型的網站已經提供連結，試著找出可能有興趣連結的類似網站。

互惠連結

通常你會比較希望是其他網站連進來，而不你是連出去，但必要的話，也可以提議和少數幾個優質的網站互惠連結。這種交換往往很有效，你可以要求對方怎麼呈現連結方式，而且瞄準的網站都是和你相關的網站。

注意事項

互惠連結可能不像以前那麼有幫助了，主要搜尋引擎現在不太重視這類連結，反而比較看重自發性和非互惠的連結。有個方法可以提升互惠連結的效果，那就是建立三向或四向連結，亦即某網站連上第二個網站，第二個網站再連到第三個網站，最後連回第一個網站。這可能很難做到，但若能有效運用，搜尋引擎會很難偵測出來，因此比傳統的一對一式交換連結更有助於網頁級別。

上論壇或部落格貢獻意見

網路上有數以百萬的部落格和論壇，涵括的領域超乎想像。你應該從中找出最有人氣和品質最優的部落格及論壇，展開跟帖與回帖的動作，同時附上反向連結。你一定要針對討論的主題予以回應，而不是濫貼內容，以免被刪除，有損品牌商譽。

但由於論壇和部落格濫貼回帖的情況嚴重，搜尋引擎已漸漸不再重視來自這些網站的連結。更何況現在有許多部落格和論壇也都自動把 Nofollow 屬性放進外部連結。因此在你決定為其他網站補充內容之前，最好先把重心放進自己網站的部落格裡。

購買連結

購買連結有很多方法，但不是每一個都受到推薦。最安全的方法是付錢加入某些線上目錄，譬如雅虎。此外也可以付錢給其他網站要求連結，付費方式可以是按點閱付費（pay-per-click）或者付固定費用，這兩種風險都很低，因為搜尋引擎很難偵測得到。但有一個方法你絕對不能用，那就是透過中間人去購買，搜尋引擎非常反對這種做法，抓到的話，可能受到嚴厲處罰。

線上新聞稿

線上有很多品質不錯的新聞稿服務，公司行號可透過它們發布有關自己的消息，而這些消息有可能會被 Google News 這類聲譽良好的大型新聞服務相中，進而有助於提升公司網站的流量，增加連結機會，改善 SERP 的排名。businesswire.com 和 prweb.com 是兩個還不錯的服務網站。

黑帽技術（Black Hat Technique）

所有主要搜尋引擎都有它自己的方法，去過濾出那些會使用黑帽技術攀爬搜尋引擎排名的網頁，所以你必須確定自己沒有在無意或刻意的情況下涉及那些被禁的活動。

關鍵字充斥

這是指在同一網頁裡不斷重複出現關鍵字或關鍵語。這種伎倆現在很容易被搜尋引擎識破，所以絕對會對 SERPs 造成負面影響。

偽裝關鍵字

這方法是把搜尋引擎看得到、但使用者看不到的關鍵字或關鍵語放進網頁裡，譬如文字和背景都是同樣顏色。

幌子

幌子技巧（Cloaking）是指給普通訪客看的是訪客想看的網頁，但給搜尋引擎機器人程式看的則是搜尋引擎想看的網頁。這會使搜尋引擎很難精確判斷出該網頁的相關性和品質。幌子技巧也可以用來哄騙使用者進入網站，但裡面的內容卻和搜尋引擎敘述的完全不同。色情網站通常都是用這種手法掩飾。

互連

互連（Interlinking）是指多重網站的建立和彼此連結，可提升連結的人氣。

門戶式網頁

門戶式網頁（Doorway Page）是一種針對 SEO 高度優化的網頁，它會自動重新導引到另一個易懂的網頁裡。

處罰的種類

如果網站被抓到使用黑帽技術，就得面臨罰則，可能是搜尋引擎自動處罰，也可能是手動處罰。輕則該網頁的 SEPR 排名下降，重則從搜尋引擎索引裡完全移除。

損害 SEO

有些不道德的企業可能刻意傷害競爭對手的 SERP 排名，伎倆包括愚弄搜尋引擎，讓它們以為對方使用黑帽技術，譬如與來自連結工廠的目標網站連結。還好這種手法並不常見，不過你還是要小心這種可能風險。

SEO 專業顧問的好處

SEO 是一件不假人手就能自己做好的事情，只要照著本章內容做，你的網站一定會有個好的開始，在網頁級別裡先馳得點。但如果你沒信心，覺得自己做不到 SEO 的要求，可以雇用專業團隊來幫你完成。重要的是要認清自己的極限，外包請專家製作，往往會有不錯的成本效益，因為他們的效率和知識所帶來的報酬，絕對是自己獨攬設計所達不到的。

SEO 專家可以簡化 SEO 流程，早一步得知技術上可能面臨的問題，迅速處置。此外，你必須隨時因應搜尋引擎說變就變的演算系統，而這是挑戰性很大的工作，如果有 SEO 顧問，他會定期監測演算系統的變動，予以因應。

此外，顧問有責任提供一套整合過的 PPC 和 SEO 策略，並透過精確的提報作業供你了解聘用顧問的成本效益划算與否。

搜尋引擎

這是一個競爭激烈的工作，但是搜尋可以為網站帶來很大流量，所以一定要竭盡全力衝到最前面。

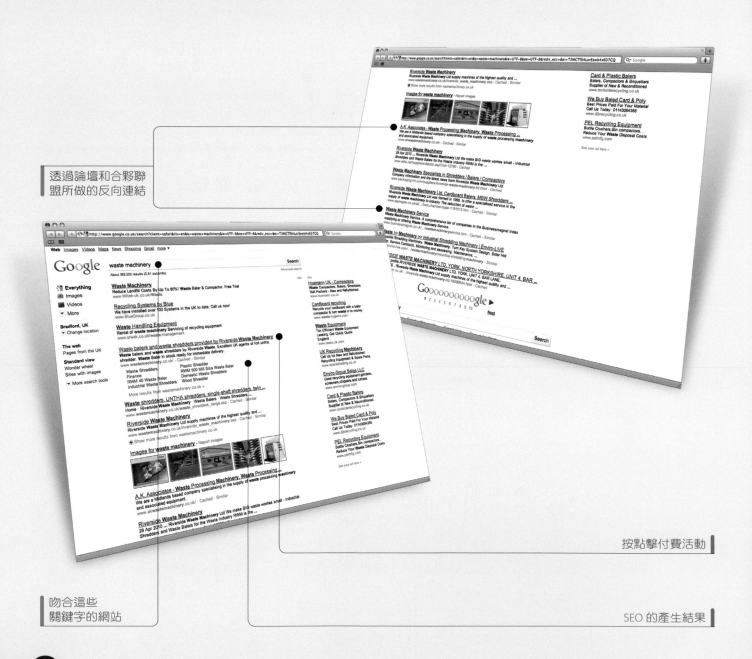

透過論壇和合夥聯
盟所做的反向連結

按點擊付費活動

吻合這些
關鍵字的網站

SEO 的產生結果

內容的創造

SEO需要一個活潑的多層次策略來建立連結，也需要關鍵字和內容。搜尋引擎的最大目的是找出最優質的網站，而它們在這方面的技術已經越來越純熟，因此想要在搜尋過程裡勝出，最可靠的方法就是創造一個很棒的網站，靠最新和最吸引人的內容來充實網站。

首頁裡有最新
的部落格貼文

靠社群媒體的
新聞摘要來補充內容

付費搜尋
行銷

**人們不會搜尋他們
不想要的東西**

付費搜尋通常是**按點閱付費（簡稱PPC）**，方法是當某詞語被輸進搜尋引擎時，就會出現幾個小廣告，使用者只要點閱其中一個廣告，廣告主便得付一定費用給搜尋引擎。PPC具有高度的針對性，可以快速製作，且能提供近乎即時的廣告成效，並且有很多有效的方法可以追蹤投資報酬率。

PPC非常管用，特別是對那些發現自己難以在搜尋引擎結果頁（SERPs）有好排名的網站而言，此外也對仍在摸索SEO策略的新網站很有幫助。但這意思並不是說，只要SEO做得好，PPC就可以扔了。許多公司在成功行使SEO策略的同時，也繼續使用PPC，因為它的好處很多，譬如創造出更多管道線索、更高的銷售量、更多客流量（進而提升SEO），以及提升品牌曝光度。

網路上有很多PPC廣告平台，但最好還是從Google AdWords開始，因為Google是最受歡迎的搜尋引擎，因此極可能得到最高的點閱率。再者，如果你可以在Google建立起有效的PPC活動，便能把同樣原理運用在像雅虎和微軟Bing這類PPC系統裡。

PPC的好處和機會點很多。由於必須先在搜尋引擎裡輸入特定的字，才會出現PPC廣告，所以這活動很有針對性，只有對此廣告的商品或服務感興趣的人，才可能看到這則廣告，而且是在他們感興趣的時候看到。如果PPC廣告能把搜尋者帶進特定的**登陸頁**（這部分的細節，會在**網站**一章裡說明），它的針對性就更強了，因為它可以視個人的搜尋內容予以優化和個人化，所以不會對著毫無興趣的人打廣告，白白浪費時間和金錢，而是讓真正有興趣的人適度看見相關內容。

除此之外，PPC的風險相對很低——不必預付固定費用，而且如果是自己架設，就只有廣告被點閱的時候才需要付費。所以就算你自己製作了一個效果不太好的廣告，回應率不怎麼高，也沒有太大損失。有一個好方法可以把這種錯誤成本降到最低，那就是找個廣告代理商來處理PPC，他們會收一點製作費還有PPC的後續管理費用（通常都是採佣金制），但是他們的專業技術絕對抵消得了這筆費用。

PPC廣告也非常適合測試之用，為了優化你的PPC策略，你可以嘗試使用各種手法，反正它的製作很快、很容易，成本也很便宜。但是PPC也不是一點問題也沒有。關鍵字清單的創造和整理、成本的控制、有效廣告的製作，這些都是你得面對的幾個挑戰而已。

關鍵字的挑選

儘管為 SEO 和 PPC 準備的關鍵字清單不同（PPC 的關鍵字比較明確，可以把無用的點閱次數降到最低），但兩者的製作過程大抵一樣，其細節多半已在 SEO 一章裡描述過。以下摘要幾個重點：

- 從顧客的角度想，如果是你在搜尋某特定服務，會使用什麼關鍵字或關鍵語。

- 查看競爭對手網站上的關鍵字標籤。

- 看看網站的存取記錄（access logs），了解是哪些關鍵字正在導引使用者進入。

- 補充其他類似或相關的關鍵字，譬如複數形、同義字、常犯的拼字錯誤等。

- 利用類似 WordTracker 或 Google Trends 的線上工具來評估關鍵字的人氣程度和競爭力，了解有無其他選擇。

此外也要考慮到關鍵字的價格，當然這和它們的人氣度及競爭力有關。千萬記住，在 PPC 活動裡，一定要避開任何太廣義或語意太模糊的關鍵字。

關鍵字比對（Keyword Matching）

你也可以利用關鍵字比對（Keyword Matching）讓 PPC 活動變得更有針對性。關鍵字比對是由你來決定你的比對設定要多寬和多窄。Google 提供了四種不同的關鍵字比對選項：廣泛比對（Broad Matching）、詞組比對（Phrase Matching）、完全比對（Exact Matching）、排除比對（Negative Matching）。

廣泛比對 —— keyword

廣泛比對是 Google Adwords 的預設選項，如果有人搜尋這個關鍵字或類似詞語，你的廣告就會出現。所以如果你瞄準的關鍵字是「cheap guitars」，那麼在 SERP 裡可能會出現有「cheap electric guitar」詞語的廣告。廣泛比對通常比其他關鍵字的比對選項來得更快和更容易完成，可以讓廣告有更廣的觸及率（reach），進而帶來更高的點閱次數。但是你比較不能控制關鍵字的準確度，於是廣告可能會出現在不相關的 SERPs 上，多少負面影響了點閱率和轉換率。但這可以利用排除比對來彌補，降低這方面的風險。

完全比對 —— [keyword]

完全比對必須在關鍵字的前後加上方括弧。你的廣告只有在搜尋者輸入完全一樣的詞語進行搜尋時才會被找出來，所以如果你的關鍵字是 [cheap guitar]，那麼只有在搜尋者搜尋完全一樣的詞語時，你的廣告才會出現，但如果是輸入像 cheap guitar 或 very cheap guitar 這些類似詞語，你的廣告就絕不會出現。這可以讓關鍵字有很精準的目標顧客瞄準度，於是會有較高的點閱率和轉換率。但是使用完全比對的方法，可能造成點閱數量較低，而且要花較長時間才能整理出資料。

詞組比對 —— "keyword"

詞組比對必須在關鍵字的前後加上引號。當搜尋者找的是完全一樣的關鍵字或者前後多了其他字眼的關鍵字時，你的廣告才可能出現，譬如，如果關鍵字是「cheap guitars」，那麼 SERP 上可能出現的廣告有 very cheap guitars 或 acoustic cheap guitars，但絕不可能出現 cheap acoustic guitars。這種比對很有用，因為有時候廣泛比對的結果會太廣泛，而完全比對的結果又太受限。詞組比對則是介於兩者之間。

排除比對 —— keyword

在關鍵字前面加一個負號，這樣一來，只要廣告裡的其中一個字或詞語是你要排除的，這個廣告就不會出現。所以絕不會讓那些不感興趣的人看到。舉例來說，如果你只販售二手吉他，那麼你可能不希望你的廣告被含有「新」這個字的搜尋詞語帶出來。你可能得花點時間思考所有該被排除的詞語，如果做得好的話，排除比對選項將會有更高的瞄準度，而且對點閱率和轉換率也有正面的影響。

廣告文案

要寫出令人信服的 PPC 廣告文案，是很大的挑戰。儘管每個 PPC 系統都不一樣，但對字數的限制都有嚴格要求，你只有很小的空間可以說服用戶點擊連結。另一個挑戰是，你瞄準了各種搜尋詞，但其中有許多詞語得用不同的文案呈現，因為涉及到的服務完全不同。所以萬一你得瞄準上百種甚至上千種搜尋詞，問題就大了。而解決的方法是把不同的關鍵字分成幾個小的廣告群組，每個群組都強調相同的品牌主題，這樣便能使用同樣的廣告文案。

這方法可以減輕你的工作負擔，讓每個搜尋詞都能有切題、有效和針對性強的文案。

PPC廣告裡會有標題，後面跟著一到兩行的補充文字和一個目標網址。由於字數有嚴格的限制，所以你必須算好字數。譬如Google只准標題出現二十五個字母，兩段說明文字，每段各出現三十五個字母。

標題

你應該利用**標題**來抓住用戶的注意，而簡單又有效的方法就是把他們剛用過的搜尋詞全數或部分放進來。所以如果他們搜尋的是「經典鞋款」（vintage shoes），你的標題裡最好也放進經典鞋款或類似的詞語。這樣一來，不只能幫忙抓住用戶的注意，也能製造點閱的機會，因為你的廣告看起來較符合他們的搜尋。

> **注意事項**
>
> 以提問方式來寫標題是個好方法，然後再把答案放進文字說明裡。譬如「要經典鞋款嗎？」

文字說明（description）

一旦你的標題抓住了用戶，接下來就可以使用**文字說明**來強調該網站所提供的好處。內容可以是拍賣或促銷訊息，抑或產品與競爭品牌的品質或用途比較。你提供的優惠要

明確，才會有雙重好處，一來可以吸引真正感興趣的人，二來可以讓沒有興趣的人打消連結的念頭，以免害你增加無謂的成本。強調關鍵字，通常也是個好點子。你可以利用大寫字母來強調，不過大部分的PPC系統都對大寫字母的使用數量有限制。可能的話，想辦法凸顯你的文字說明，讓它有別於其他廣告，因為多數廣告的同質性都很高，大多利用類似語言提出類似主張。再不然也可以運用幽默或採用不尋常的字眼或字體，或者任何你能想到的點子。也可以使用「現在就買！」或「今天就註冊！」這類號召行動的詞語來為文字說明收尾。

顯示網址

顯示網址只是登陸頁的網址，屬於廣告的一部分，可以被看見。大部分的PPC系統都要求它必須近似實際網址，但礙於空間有限，通常得使用較短的網址。建議你在顯示網址裡使用所有或局部的關鍵字來強調目標頁面的關聯性。此外，你也可以讓每個字的字首大寫，並利用連字號來區隔每個字，使它更容易閱讀。必要的話，可以去掉網域的一部分http://www，騰出更多空間給網域和目錄名稱。

> **注意事項**
>
> 可以的話，盡量使用能看出國家名稱的網域，譬如英國的用戶一看見「.co.uk」，就知道這是一家在地的公司。

動態關鍵字插入

動態關鍵字插入（Dynamic Keyword Insertion，簡稱DKI）可以讓你在廣告裡指定一個位置，當搜尋查詢出現你要的關鍵字，那個字就會出現在那個位置上。你可以為某特定廣告群組寫出籠統的廣告文案，再利用DKI讓廣告變得更具體明確地瞄準各用戶。所有的主要PPC系統都允許你使用某種形式的動態內容，但各自的操作方法略有不同。以下幾個例子取自於Google Adwords：

如果你有一個廣告群組是由領帶、袖扣、修臉潤膚乳、電動刮鬍刀組成，你可以寫出像這樣籠統的廣告文案：

Great{KeyWord: Gifts for Men}

Top{KeyWord: presents}ideal for Father's Day.

> 讓消費者感覺到切身相關。

20% off for new customers!

example.com/{KeyWord:Fathers-Day}

廣告群組裡的相關關鍵字會被放進 {KeyWord} 的位置，除非這個關鍵字害廣告內容變得太長，才會改用預設文字，以上述例子來說，Gifts for Man 和 presents 是預設文字。因此廣告可能會變成下面的樣子：

Great Aftershaves

Top presents ideal for Father's Day

20% off for new customers!

www.example.com/Aftershaves

關鍵字 aftershaves 被放進標題和顯示網址裡，但是預設文字 presents 被放進了說明文字裡，因為 aftershaves 會使第一行的說明文字超出英文字母的上限。

· ·

注意事項

如下所示，關鍵字裡的英文字大小寫是可以控制的：

KeyWord 可以使每個字的第一個字母變成大寫，譬如 Tennis Racket。
keyword 會使所有字母都變成小寫，譬如 tennis racket。
Keyword 只會使第一個字母變成大寫，譬如 Tennis racket。
KEYWORD 會使所有字母都變成大寫，譬如 TENNIS RACKET。

競價管理（Bid management）
決定以多少錢競價

在你開始為關鍵字競價之前，必須先確定最大平均點閱成本是多少。只要照著以下四個步驟，便能輕鬆算出數字。

1. 先幫正在廣告的那些產品算出**毛利**（Gross Profit），又或者如果你正在同時為一系列產品打廣告，那就算出它們的平均毛利。毛利的算法是，先算出產品銷售的成本，包括採購成本、運輸成本和任何交易成本，然後把包含運送費在內的產品售價減去這些成本，得出毛利。如果總售價是五十英鎊，總成本是三十五英鎊，毛利就是十五英鎊。

2. 算出毛利後，便得決定**最大平均轉換成本**（Maximum Cost Per Conversion）。最大平均轉換成本的算法是把點閱的總成本除以轉換次數。所以以平均點閱成本兩英鎊的一百次點擊來算，若有二十次轉換成功，就表示平均轉換成本是十英鎊。你的最大平均轉換成本絕不能比毛利高，因為等於是賠錢。理論上，應該要比毛利低，才有利潤可言。所以如果某產品的毛利是十英鎊，你可能得把最大平均轉換成本設定在五英鎊。

3. 現在你需要算出**轉換率**（conversion rate）──這是指最後達成轉換目的的點閱比例。所謂的轉換也就是你想在網站訪客身上看見的行動，這種行動多半是指產品或服務的購買。所以如果某廣告的點閱次數是一千次，其中十次點閱完成了購買，轉換率就是百分之一。

4. 最後要算出**最大平均點閱成本**，你只需要把最大平均轉換成本乘以轉換率便可得出。所以如果最大平均轉換成本是五英鎊，轉換率是百分之一，那麼你打算付出的最大平均點閱成本應該就是零點零五英鎊。

從**投資報酬率**來衡量成敗。

注意事項

如果有一門生意是第一次使用 PPC 廣告，沒有充分的資料可供精準計算轉換率，這時就得用猜的了。通常是在百分之一到百分之五的範圍內，不過不同類型的網站和產業平均轉換率也不同。

競標過程

如果你想標下某關鍵字，就得參加大型競標。但要是那個關鍵字很熱門，競爭恐怕會很激烈。雖然同一頁的 SERP 可以有很多不同廣告，但廣告位置越上面，越有可能被點閱。搜尋引擎就是根據你的競價及你的廣告及網站品質來決定所在位置。舉例來說，在 Google AdWords 裡，你設了一個最高競價（最大平均點閱成本），Google 就會把這個數字乘以該廣告的**品質分數**（Quality Score），而所謂的品質分數是根據一些標準算出來的，譬如相關性和點閱率，然後得出一個**廣告排名**（Ad Rank）。排名較高的廣告會拿到較前面的位置。把該廣告的品質分數除以下方立刻呈現的廣告排名，四捨五入到便士為止，便是實際收取的費用。

初期的競標策略

如果你的 PPC 預算很少，或者說你有足夠的時間可以先從小處著手，等分析過後，再優化你的競標策略，那麼當你決定要不要積極競標關鍵字或廣告群組時，也許可以採取保守一點的策略。意思是說，你的競標價格只要高到足以為關鍵字找到一個合理位置就行了，這樣一來，它們還是能出現在 SERPs 的第一頁，但你不必為了爭取最上面的位置而付出高額代價。然後接下來幾個禮拜，你必須密切監測結果，隨時放棄或調整轉換率不好的廣告，至於轉換率好的廣告，則要提高它們的競標價格，增加點閱率，直到平均轉換成本達到上限為止。這種先以低價競標，檢測結果，再適度更改的策略，風險較低，但是得花較長時間才能開始看到進步的成果。

另一個方法是，先採用積極的策略，一開始就用高價競標。這方法可以快速帶來很高的點閱率，給你眾多可供分析的資料，再據此調整，優化這個活動，而不是花上幾天、幾個禮拜或甚至幾個月的時間慢慢累積結果。如果你挑的關鍵字特別含糊，而且搜尋量偏低，這方法會很管用。一開始就積極競標的另一個好處是，較高的點閱率會

帶給你較高的品質分數，這樣一來，便能把廣告位置推得更高，你就可以降低競標價格，但仍保持在前面的位置。如果你真的要積極競標，一定要監測結果，找出表現不佳的關鍵字，所謂表現不佳是指它們的平均轉換成本高於上限，於是你得降低競標價格。

競標管理工具（Bid Management Tools）

競標管理工具可用來管理 PPC 系統的競標流程，它會檢查每個關鍵字或廣告群組的狀態，優化相關競標作業，達成指定目標。這有助於提升點閱率和最後的投資報酬率。競標管理工具會檢查各關鍵字過去的表現，推薦新的最高競標價格和目標位置，以求各關鍵字都能有最佳表現。此外，它們也會評估各關鍵字的相對表現，建議如何變更，提議哪些關鍵字應給予相對最多的支出。如果要推出特別大型或複雜的高預算 PPC 活動，競標管理工具尤其管用，不過你還是得不時地主動介入，確保它的有效運作，而且要密切注意那些最重要又最昂貴的關鍵字。在使用競標管理工具的最初幾個禮拜或幾個月期間，由於尚缺足夠資料可供查驗關鍵字的成效，因此更需要你主動監視。我們的意思並不是說競標管理工具就一定是正確的選擇，畢竟它可能很昂貴，所以你得小心評估它們的 ROI 能否抵消得了競標管理工具本身的成本。你可能會發現手動管理，效果反而較好，尤其是小型活動。但對於適用的活動和公司來說，競標管理工具就是寶貴的資源。

市場上有一些非常好的競標管理工具會以不同的價格提供不同程度的服務。如果你的 PPC 活動非 Google 不可，那還不如使用免費的 Google Conversion Optimizer。要不也可使用 PPC BidMax，它是有效的競標管理工具，能讓你管理橫跨三大搜尋引擎的大型活動。Omniture 比較昂貴，但能提供高品質的競標管理服務及一系列有利於 PPC 的其他應用程式，譬如各種關鍵字生成工具。除此之外，也還有

很多不錯的競標管理工具，你需要自己調查一下，看看哪一個最符合需求。

品質分數

搜尋引擎的責任是確保有品質的廣告占上顯眼的位置，因此 Google、Yahoo 和 Bing 都會評估各廣告的品質。Google 有自己訂定的**品質分數**，Yahoo 則有**品質索引**（Quality Index），Bing 有**品質基礎排名**（Quality Based Ranking），你可以依喜好選擇。如果你能成功提升廣告的品質分數，便能以較少的成本爭取到更前面的位置。其實為求高分所做的改變，通常也都是你本來就該做的，所以幸運的話，這些改變也能為你的 PPC 活動衝高點閱率和轉換率，所以大家都是贏家。

三大主要搜尋引擎各有不同的方法來決定它們的品質分數／索引／基礎排名。但有幾個因素對它們來說都同等重要：

- 三大搜尋引擎都很重視廣告文案與關鍵字的關聯性，所以廣告裡的文案若是有關鍵字，就會得到較高的品質分數。

- 登陸頁的品質也會列入考量，主要看的是關聯性和原創性，以 Google 來說，也會看載入時間（load time）。

- 廣告在內容網路（Content Network）上的品質分數，會依各種不同標準來決定，以這裡的例子來說，搜尋引擎看的是廣告和第三者網站的關聯性，以及廣告以前在該網站和類似網站的成績表現。

- 在廣告文案和登陸頁裡放進適當的關鍵字，向來是優先要務，不過用法要自然，不要太過頭。

- 如果你處理的是大量的關鍵字，DKI 會是很有用的工具，但如果你的廣告群組範圍太廣，那麼具有啟動功能的搜尋詞語可能無法適當瞄準，於是造成品質分數降低。因此即便你使用的是 DKI，廣告群組還是要夠小和夠集中，文案內容才會明確和切題。千萬記住要為各廣告群組量身製作不同的登陸頁，才可能夠切題。

- 另一個必須謹記在心的是集中全力、極大化你的點閱率。廣告主往往太強調轉換率的提升。但是提高點閱率，進而增加品質分數，才能降低 PPC 活動的成本，增加邊際利潤和提升轉換率有同樣的實質功效。

點擊詐欺（Click Fraud）

由於使用者每點閱一次，便收取一次費用，因此 PPC 系統的明顯風險在於可能有人在無購買意圖的情況下重複點擊連結，造成你的成本上揚。為什麼有人會做這種事，理由有幾個。PPC 廣告主通常都有每日預算，預算一用完，就會停止當日廣告。因此若有公司想減少競爭廣告的數量，很有可能企圖利用欺騙性的點擊手法去損耗競爭對手的每日預算，阻止他們展示廣告，才好提高自己廣告的點閱率。另一種形式的點擊詐欺涉及到**內容置入型**（Content Placement）PPC 廣告，意思是廣告被搜尋引擎置入於第三者的網站。在這種情況下，第三者網站的所有人可能會企圖靠人工方式增加該廣告在他們網站上的點閱次數，以便抬高他們的廣告收益。

儘管你應該嚴肅面對點擊詐欺的存在風險，但也不應該因此打消你使用 PPC 的念頭。現在所有搜尋引擎都在努力處理點擊詐欺的問題，試圖將 PPC 的相關風險降到最低，使市場能放心地對 PPC 廣告做更多投資。因此他們非常積極地偵測和預防詐欺性的點擊手法。如果有這類點擊行為被查出來，而你使用的又是聲譽良好的 PPC 系統，你就不必為這些詐欺點擊行為付費。所以最好還是和 Google、Yahoo 以及 Bing 這類主要搜尋引擎合作 PPC 活動，萬一碰到點擊詐欺事件時，會比較有保障。

注意事項

隨時注意你的分析工具，以便察覺有無異常的點擊活動可能涉及詐欺，譬如來自某特定IP位址的大量點擊；轉換率的突然改變；或者某關鍵字出現大量不尋常的點擊動作。如果評估這些資料之後，確定你的其中一個廣告成為詐欺點擊的目標，可以通知所在的搜尋引擎，設法回復點擊的成本。

內容置入

就像在SERPs置入廣告一樣，你也可以把廣告置入於第三者網站。但因為沒有搜尋詞，所以廣告得根據該頁面的上下文背景來放置——也就是說，網站所有人同意在他們的頁面之一提供廣告，搜尋引擎於是閱覽該頁面，確定內容是什麼，再找相關廣告放進該頁面裡。另一個方法是，廣告主可能想要有更大的主控權，明確指定想在哪類型的網站刊登廣告，甚至明指哪個網站。

相較於一般的搜尋引擎PPC活動，內容置入有一些不利之處。第一，人們使用搜尋引擎時，他們是在主動尋找某樣東西。譬如若有人搜尋「露營設備」，那可能表示他們對於購買露營設備很感興趣，所以在SERP上向他們打廣告，等於是在對的時間瞄準對的人。但如果是內容置入，你會發現你是在向一群對你的產品或服務沒興趣的人打廣告，自然造成點閱率降低。就連轉換率也可能變低，因為在內容網站上，用戶可能是在衝動的情況下點擊進去，畢竟他們是在瀏覽內容，而不是主動尋找交易的機會。第二，很難保證你的廣告一定會被放在和你產品相關的頁面上。對搜尋引擎來說，它們並不太能夠了解頁面的真正性質，挑到的廣告不見得適合該頁面，於是你的廣告很可能被放在一些不相關的頁面裡，結果就是點閱率和轉換率雙雙降低。此外內容置入也有很大的點擊詐欺風險。內容網頁的所有人有足夠的營利動機想以人工方式提高廣告的點擊次數，如果沒被抓到的話，將會大幅影響轉換率。基於這些理由，勸你最好在研擬PPC活動時放棄內容置入，這樣比較保險和單純。

但不管如何，還是有好理由讓你不得不使用內容置入的方法。內容置入可以有更高的觸及率，因此能相當程度地提高總點擊次數。由於競爭對手不多，平均點閱成本會較便宜。不過投資報酬率也較低，因為雖然平均點閱成本不高，但是轉換率的效果不佳。但是將內容置入其中的

PPC活動，還是有可能獲益。

如果你選擇內容置入，請務必聽從以下建議：

● 為內容置入個別競標，由於它的轉換率不夠高，所以一定要以較低價格來競標。

● 廣告文案不要和你在搜尋引擎的PPC廣告一樣，畢竟內容置入的PPC瞄準的是完全不同類型的人，他們不是來尋找購買的機會。這表示你得更賣力才能吸引他們的注意，說服他們購買商品。此外你也要注意，內容置入的品質分數計畫方式不太一樣，它考量的是該廣告和刊登廣告的網站兩者之間的關聯性。

● 可能的話，你應該有主控權來決定哪種網站可以刊登你的廣告，以便確保廣告出現在聲譽佳、品質好、相關性強的網站裡。這涉及到你必須明確指出你要在哪一類型的網站登廣告，還有先找出不適用或績效不佳的網站，知會搜尋引擎你的PPC內容置入活動必須排除它們。但你也必須知道，不是所有搜尋引擎都允許廣告主對廣告的置入有主導權。

千萬記住，不管你在線上做什麼，
都有人在某個地方坐在螢幕前面對
你的品牌品頭論足。

社群媒體

「社群媒體」是指那些在不同人群和組織之間促進彼此互動的線上資源。

廣電媒體的獨白
轉變成社群媒體
的對話。

別再杜撰編造，
要誠實坦白

Frank

行銷素來被公認是一種政治化妝師的生意，擅長揚善隱惡它所促銷的產品／服務。而最厲害的行銷手法莫過於把黑的說成白的。

但現在的情況有了變化，如今我們就像 outside the box 所言，已穩固盤踞於誠實的年代。意思是要坦白誠實，對於企業、產品、服務或任何你期待大眾相信的事情，都以公開的態度來面對。如果你不肯提供這些隨手可得的資訊，一定會被別人挖出來，他們會在不受操控的情況下詳盡檢驗整件事的各個層面，對品牌認知造成傷害。

這種透明度的形成是拜線上**社群媒體**（social media）崛起之賜。社群媒體是一個廣泛的詞語，用來形容那些可供人們彼此互動的線上資源。傳統媒體都是將訊息傳播給被動接收的視聽群，但社群媒體卻鼓勵雙向交流：不再是獨白，而是**對話**。就性質上來說，社群媒體是一個可供參與者多向對話的管道，這些參與者不是興趣雷同，就是希望共同討論某個主題。許多線上專家都曾讚揚這些媒體的增生現象有如網路原點草根基礎的回歸，由志趣相投的人形成社群和內容分享網站。

誠如我們曾在**製造波浪**一章裡提過，我們都是群體動物，靠著與他人的聯繫來肯定自我：「我有朋友，所以我存在。」社群媒體便是基於這個需求所生，而且已經存在一段時間。但過去並無線上社可供人們利用媒體互相分享交流主題。舉例來說，模型車製造商Corgi為了滿足愛模型車成癮的廣大粉絲們，於一九八六年創辦了Corgi俱樂部（Corgi Club），這個社群可供大家公開討論、組織活動和分享消息。事實上，這類社群多如過江之鯽，都是透過時事通訊和各種活動進行交流，興趣範圍之廣，難以想見。

傳統的社群媒體滿足了人們的需求，只要他們願意旅行、郵寄或打電話，便能溝通交流，但毫無疑問的，是網際網路讓他們的溝通變得更暢行無阻，於是開始如雨後春筍冒出頭來。不過也不應該因此忽略非線上媒體，認定它已經過時。反而應該充分利用，將它和線上媒體加以結合，才能提供使用者和消費者更多的交流機會及傳播品牌的選擇。

注意事項
我們喜見社群媒體進入真實世界裡。不管是即興的迪斯可還是一大群人打枕頭戰，只要能針對品牌創造出某種經驗，就能讓大家有參與感，這也是一種公關。

網際網路的普及不斷往全球擴散，有許多人都曾在線上與某種形式的社群媒體打過交道，表達意見；創作和上傳視訊、照片及部落格；與世界各地的人分享資訊及專業知識。事實上，社群媒體是網路上排名第一的活動，遠勝於網路裡其他較傳統的用途。社群媒體的崛起代表傳播起了根本的變化，也為企業創造出絕佳的機會和潛在的風險。

社群媒體提供了前所未有的視野供我們了解顧客的行為與想法；讓我們透過線上對話的主動參與，提升品牌聲譽，並以低成本的大量曝光方式來捕捉更多顧客、蒐集資料。像You Tube這類成功的視訊分享網站常會出現成千上百萬的點擊次數，這麼高的普及率如果想透過傳統媒體達成，成本恐怕十分高昂。儘管社群媒體為曝光度、市場調查和品牌管理創造出大好的機會。但仍有很大的風險，因為不滿意的顧客隨時可以透過部落格或者Twitter或Facebook這類社群網路告知上百、上千甚至上百萬的人。所幸這些媒體也會提供方法供你從中學習，妥善處理這類不滿情緒。如果你的社群媒體策略有很強的主動出擊力和很快的應變能力，一定有辦法解決任何問題，令顧客覺得這家公司很體貼，凡事以客為尊。要想在社群媒體裡成功，務必得聽進去我們這番話。

全力支持知識和**資訊的民主化**，把普羅大眾從內容消費者改造成內容製造者。

社群媒體策略的研擬

就像任何好的活動一樣,一開始一定要有套紮實的策略。不過由於**社群媒體**的性質多變,容易失去控制;再加上會隨著媒體數量和活動目的而異動。做得過頭恐怕會稀釋或混淆訊息,把顧客搞糊塗或令他們招架不住。因此任何社群媒體策略的第一步都得透過**吸收、引爆和鞏固**這個流程模式來先確定活動背景和目標,做出清楚界定,以便集中焦點,精確瞄準社群媒體活動的運作原理和方法,了解找誰來參與以及如何衡量成敗。最厲害的活動都會利用這些資訊去理解社群媒體的各個層面,並充分運用,向目標視聽群有效傳達單一訊息。

網誌(又稱部落格和博客)和微網誌

寫網誌

網誌是可供自我表達的一種重要媒體,普羅大眾若想針對任何事情發表意見,原本默默無名的他們可以透過這個管道去接觸和影響全球視聽群。

辭彙解釋

網誌是網路日誌(web log)的縮寫簡稱,由個人或組織上線發表內容,針對某特定主題闡述最新消息或分析,從名人八卦到現代經濟理論無所不包,或者只是單純敘述作者的個人生活。

大部分的網誌——或者說大部分好的網誌——都可以讓讀者留言,作者也會回應這些留言,與他們保持互動。二〇〇〇年初期,線上的部落客社群興起——所謂的部落圈(The Blogosphere)——迅速對整個社會造成影響。許多深具影響力的部落客因為精通各種消息與分析,使得傳統媒體備感威脅。對企業來說,寫網誌也是重要的工作,它是一種工具,可用來與現有顧客打交道,建立關係,提振品牌,增加曝光度,同時也可以向產業裡的其他人和企業學習經驗。

要建立網誌,第一步是先決定它的人口特質和目的。設想目標視聽群是誰,什麼樣的顧客最可能看這個部落格,再想想什麼樣的資訊最可能吸引這群人口。有了結論之後,接下來是決定文章的性質和寫作的風格。一般來說,部落格都是以口語方式寫成,讀起來會比較有趣,容易瀏覽。但這種風格不見得適用於所有部落格。要是部落格的目的是要讓企業客戶隨時掌握該公司的最新現況,就得有一定程度的形式表現與專業風格。

最好的貼文都是那些對訪客來說極為有用的貼文,其中最理想的方式是針對不同主題寫出詳細的**方法指南**(How-to Guides);針對主要產業發展以及對讀者的可能影響展開專業的**深入分析**(Insights);附上重要產業數據的**訪談內容**(Interviews);以及對最近的案子所做的**個案研究**(Case Study)。網誌既然是社群媒體之一,自然很強調互連與互動,所以最好能連上網路裡別處找到的有趣文章和部落格貼文,並直接回應其他部落客,因為這也是一種吸引新訪客的好方法,尤其如果你回應的是人氣較高的部落客。

注意事項

如果你想和顧客有更好的關係,提升顧客對你的忠誠度,可以考慮放一些和人有關的帖子,強調公司裡的員工,而不是公司製造出來的產品。放幾張部落客的照片,也能增添一點人情味。

貼文的頻率就像部落格的創建一樣重要。如果一直缺少新素材,部落格便會停滯不前,失去讀者。部落格的讀者都很敏銳,要是一再看不到新東西,會失去耐心,不再來訪。相反的,定期貼文可以帶來更高的點擊次數,因為讀者會把拜訪該網站這件事變成他們每天或每周的例行功課。可能的話,一天至少要有一篇新的貼文,鼓勵他們每日來訪,也要經常回應留言板,證明這個部落格是這個網站裡不可或缺的一部分,有活力又積極主動。此外,文筆內容精湛的部落格對 SEO 來說也很有幫助,因為這提供了另一種可以靠關鍵字來打造網站的好方法,吸引更多連結,衝上搜尋引擎排名的榜首位置。

微網誌(又稱微博)

像 Twitter、Tumblr 或噗浪(Plurk)這類**微網誌**服務,其作用既像社群網路,也像部落格,可供用戶上傳和閱讀短訊息。只要是網路可及的範圍,這些訊息或者說是推

文（如果你使用的是 Twitter），便可從任何裝置傳送和接收，連傳統手機也可以。它可以快速編寫，閱讀容易，而且即時發表。大部分的網路服務都能讓你向特定的微博客訂閱，別人也能向你訂閱，因以可以精準地瞄準對象。這種運作方式使得微博成為許多企業的寶貴資源，可以借助它不時和定時地與顧客溝通，鞏固關係。除此之外，也能讓企業知道顧客對品牌、競爭對手以及對整個產業的看法，據此回應顧客的留言。

企業的微博策略可能設定了很多目標，譬如更了解顧客，改善服務；與顧客建立更好的關係，提升忠誠度；或者增加曝光度，吸引新顧客。誠如我們提過，社群媒體策略應該有明確目標，所以微博活動的第一個步驟就是決定目標何在。等你選定好目標，設定好帳號（這是很簡單的流程，可以透過服務首頁來完成），就可以開始鼓勵大家貼文，同時搜尋正在留言討論貴公司、競爭對手或任何和該產業有關話題的人。這些服務是雙向的，所以你也可以去追別人的貼文。如果你發現有誰正在寫什麼重要或有趣的訊息，你也可以開始追，慢慢融入社群，挖掘寶貴的資訊與見解。

接觸更多
的消費者

注意事項

為了提高追隨者的數量，你應該善用公司網站、部落格和電郵時事通訊來推銷這個帳號，也可以借助非線上的方法，譬如在名片上印這個帳號的網址。

如果你想利用微博來提升大眾對品牌的認知，必須很注重內容的製作，透過內容證明公司的專業所長，讓大家感覺得到它的用途，鼓勵更多人成為你的追隨者，現有的跟隨者更不會輕言放棄訂閱。你的留言不見得都得為公司打廣告，畢竟多數人不會對自我推銷內容感興趣，你反而應該定期提供一些小秘訣、小撇步、最新消息，以及一些會令追隨者感興趣的文章或部落格的貼文連結。另一個可以為企業創造知名度的方法是，只要有任何人留言提出和貴公司或其專業領域有關的問題，一定要詳盡回答。

某些服務（譬如 Twitter 的 TweetWorks）可用來設置族組，作為某特定領域的討論平台。這是促進對話的好方法，而這種對話對社群媒體來說非常重要。所以你的目標是成為社群裡值得信賴的熱心成員。參與討論時，一定要

積極表達自己的意見與看法，追隨者才不會覺得你太枯燥乏味，但還是要圓滑，以免冷落任何人。

還有另一個方法可以鼓勵人們追文，隨時注意你的訊息，那就是提供誘因，譬如追隨者才能買到獨家特賣的商品或者得到優惠折扣。持續地熱心參與討論，也是一種鼓勵更多人成為追隨者的方法，進而穩住一個令人滿意的品牌認知形象，甚至發揚光大。

就像一般部落格一樣，微博也是一個了解消費者對品牌評價的好管道。因此要盡量追蹤微博裡和公司有關的所有重要字眼或詞語，包括公司名稱的縮寫、膩稱，了解追隨者有無提及組織裡的重要人物或者特定產品或服務。像 Monitter 這類工具可以幫你即時追蹤各種關鍵字，無需再花時間手動搜尋。當你發現有人提到貴公司時，你要回應他們。如果留言是正面的，可以回覆謝謝他們的愛護，順道推薦其他產品和服務。如果是抱怨的留言，你應該聯絡他們，提供解決對策，或者鼓勵他們一有問題，直接與你聯絡。處理抱怨時，語氣很重要：即便抱怨者的說法不盡合理，也要維持禮貌和尊重。

影音網誌

人們對影音網誌（有時候也稱之為影音日誌〔vlogs〕）的接受程度更甚過於文字敘述性的網誌。它們具有可看性，遠比文字閱讀來得方便，至少不必捲動頁面。畢竟現在高速網路極為普及，從消費者的角度來講，沒理由不給他們看影片。而從部落客的角度來說，唯一的問題只在於影片的來源。你最起碼要有一台相機、一個影片分享網站（譬如You Tube），可能再加一個剪輯工具。影音網誌不需要使用什麼高科技或精巧完美的剪接技術。最棒的影片都很簡潔、有趣、極具魅力，只要這些特色都具備，根本不必要動用到什麼綠幕、製圖或道具。

影片不僅能放進網站的部落格裡，也可以當作電郵附件或嵌在其他線上文庫裡，成為吸睛的元素。我們發現到，如果把最近的影音部落格放進電郵裡寄給客戶，點閱率往往大幅提高。另一個觀看影片的地方是寄宿影片的分享網站，人們可以透過分享網站裡的搜尋功能或搜尋引擎找到它們。事實上，有很高比例的網路用戶會把一些較大型的影片分享網站當成搜尋引擎使用。所以你的標籤一定要很清楚（欲知更多這方面的細節，請參考我們的搜尋引擎優化一章），這樣一來，影片才容易被進行相關搜尋的人找到。

誠如先前所提，讓視聽群可以從每個管道得知你的品牌內容，這一點非常重要。因此你最好在視訊、音訊和文字之間找到一個平衡，因為人們可以在任何地點消費媒體，而每個媒體適合的環境條件都不同。舉例來說，開車去上班時，他們會利用某種可以下載的播放格式來聆聽音訊網誌；等到上班之後，會繼續從事文字形式的部落格活動；一天終了時，則會借助影片的觀賞來放鬆自己。

部落客的推廣

在部落圈裡，總是有些聲音特別引人注意、受人尊重，他們經常針對某個領域發表意見。企業的部落格當然也該立志成為這些聲音之一，不過對企業來說，要贏得足夠的信任其實很難，因為人們常認定廠商的立場太主觀。所以得想辦法確保部落格的平衡和立場的公正，不過還是有可能因為積極地和這些素有名聲的部落客打交道而取得對方的支持，進而爭取到顧客群。這些部落客之所以聲望很高，是因為他們消息靈通、文筆風趣、而且很有想法，最重要的是，他們是獨立的個體。也許他們有某些觀點很偏頗，但是他們贏得別人信任的原因就在於這種偏頗是屬於個人的，不受任何贊助商操控。

得到部落客的背書會是很大的勝利，但需要圓滑的技巧，因為部落客的好名聲得來不易，不會為了一家他們沒有把握的公司或商品而輕易冒險，而且他們也不想被認定是在「出賣自己」。一旦部落客決定接受邀請，參與某個品牌（參與活動、實地示範或試用／試吃），你就要考慮到他們在接觸產品時，可能還帶著疑慮，需要等到真正見證過產品的品質和表現，才會完全放心，所以在爭取任何部落客之前，一定要表現出你對產品的自信。

論壇／留言板

論壇和留言板都是專供討論的線上平台，不是有自己專屬的網站，就是屬於網站的單元之一。它們都是傾聽群眾、鎖定群眾，以及與群眾對話的好機會，你可以擠身在一大群人裡頭，讓公司或品牌不時地現身或發聲。分析產品或服務市場反應，向來是公司研究調查的重點之一，而如何處理市場的反應，對顧客關係來說非常重要。此外也可以利用這種現身的機會去左右閱讀的內容，利用連結將他們帶到品牌的主要網站或者對該品牌向來有好評的其他線上目的地。

要在品牌網站裡創造論壇並維持運作，得投資相當多的時間與心力才能吸引到一個足夠大的社群。若無社群來驅動，論壇會變得像網路裡的貧瘠荒地一樣連雜草都長不出來。你可以先從小一點的論壇開始，讓網站用戶對一些新聞或公告表達意見，回應部落格的貼文。等到留言夠活躍了，有了一群固定的班底（要做到這一點，最好經常提供有趣的貼文內容），就可以在網站裡增設正式的論壇，但在那之前，必須先有一套管理辦法來管理現有的論壇。

舉凡你能想見的產業，幾乎都有論壇或留言板，只要利用搜尋引擎快速調查一下，便能找出其中最有人氣的幾個。找到之後，接下來的重點是把品牌的聲音注入那個社群，方法是參與討論，提供有見解的合理看法，主動丟出有趣的主題，發起討論。這需要花點時間和心力，不過有可能會和部落格的內容部分重疊，所以可以重複利用。從一個整合性的平台出發，展開有系統的行銷策略，找出感興趣的團體，提供他們最新消息和產品現況，蒐集寶貴的評論與看法。

我覺得論壇是一個可以提出問題、獲得新知以及分享看法的好地方。

我也這麼認為！那麼我們就創辦一個論壇來討論這件事吧。

注意事項
利用公司贈品或最新的產品獨家消息來獎勵那些願意接受推銷訊息的社群。

此外，也可以暫時「接管」論壇，為商品和服務創造一點喧鬧聲。這通常發生在有優惠可以提供或有活動可以辦的特殊期間，並順道結合現實世界裡正在發生的事情。譬如你可以提供折價密碼給參與討論和反饋產品意見的人，或者貼出詳細地址，請論壇用戶自行前往，領取免費獎品。有些品牌經常把這種活動搞得像街頭尋寶一樣，而這就是一個可以讓用戶有參與感又覺得刺激好玩的活動。

不過你應該想像得到，在不事先知會的情況下便冒然「劫持」論壇，可能會被它的用戶和管理員認為你不懷好意，於是對你採取敵對態度，封鎖所有素材，危害到你的品牌聲譽。要避免這一點，就得先去了解該論壇的文化。如果你已經在那個論壇活躍已久，應該會很清楚它的裏外規矩，了解它的管理運作方式。所以一定要先透過電郵或私人訊息，取得論壇重量級人物的同意（站長和管理員），並向其他用戶宣傳這個活動，不過一定要得到同意之後，才能繼續進行。如果沒有獲得同意，還是值得再試一次，但要再圓滑一點，加點甜頭，不過也要有心理準備，畢竟這種事什麼時候會過關，還不一定。

一旦品牌在論壇和留言板裡留下足跡之後，顧客忠誠度、品牌認知，以及成功活動所必備的信賴度，都會因此大增。

集體創作（Crowdsourcing）
集體創作屬於大型的研發活動，很多領域都用得到，從科學世界到政治，就連行銷也包括在內。它的作業方式是在

公眾論壇裡釋出一個問題，再動用必要人力解決本來解決不了的問題。這套方法曾用來完成銀河的繪製，歷史性文件的歸類與存檔，以及以網站內容的多國語言翻譯。人多好辦事這句話正是集體創作的真實縮影，行銷人員不僅利用它來解決問題，還靠它來讓眾人覺得自己是品牌的一份子。它添加了一種「用之於民，取之於民」的元素在裡頭，證明品牌對群眾的提議很感興趣。

創意設計就是集體創作的最好時機之一，由普羅大眾提交他們發想出來的新產品美學、廣告、標語等，最後勝出的作品可以用在日後的行銷活動上。多力多滋（Doritos）的電視廣告製作就是先向公眾徵求廣告腳本，再重賞優勝者。至於線上服飾公司 Threadless 所販售的 T 恤，其設計也幾乎完全依賴集體創作。

若要展開集體創作，便得利用品牌的現有管道來導引公眾進入一個創作中樞（通常是社群網路或品牌網站裡的一個頁面），在這裡接下任務，互相討論，提出對策。大部分的行銷集體創作都是採取上述做法，從競賽中挑出優勝者，予以獎勵。

媒體分享

媒體分享網站可供用戶上傳影片、照片、PowerPoint 作品、和其他媒體，方便他們與朋友及世界各地的人分享。這類網站非常受歡迎，已經對政治、企業和社會造成重大影響。舉例來說，二〇〇六年，食物調理機製造商 Blendtec 的執行長湯姆・迪克森（Tom Dickson）將一系列影片張貼到他的網站 WillitBlend.com 和 You Tube 網站。影片裡，他把高爾夫球、曲棍球圓盤、iPods 等一一丟進食物調理機裡攪爛，測試產品的強大功能。結果短短六個禮拜，就有超過八百萬人點閱，這些影片等於為公司做了最好宣傳。不過社群媒體分享所造成的病毒式擴散力量除了帶來契機之外，也可能帶來危機。當年聯合航空（United Airlines）把小有名氣的加拿大音樂家戴夫・卡羅（Dave Carroll）價值三千美元的泰勒吉它（Taylor）弄壞了，卻拒絕賠償。他就把這個經驗錄製成一首幽默又朗朗上口的歌，取名為「聯合航空弄壞吉它」（United Breaks Guitars）。結果 You Tube 網

站的這支影片在短短幾週內就有數百萬的點閱次數，甚至廣為主流媒體報導，使聯合航空的形象大損。由此可見，媒體分享的影響力已經遍及行銷世界、企業和品牌，不容小覷。

影片

你所製作的影片主題是什麼，當然得看你的目的以及你推銷的生意是什麼而定。如果你想提升品牌的曝光度，那麼一部具有娛樂性的影片應該有機會像病毒一樣擴散，所以可能是最好的選擇。但如果你是要提升現有顧客對品牌的認知，那麼你可能得提供一系列的教學性影片，教導他們如何解決日常問題。這種影片可用來證明該公司的專業所長，而且由於影片裡會找不同員工來擔任解說（或者找演員來扮演員工），所以能為企業增添一點人情味。

注意事項

影片內容最好不要有太明顯的行銷痕跡，如果看起來太像廣告，會使觀賞者不願轉寄影片給朋友。較理想的做法是影片播到最後才提到品牌，或者在說明字段裡連上某個聯合網站。

為了確保影片有很高的點閱次數，每支影片都要提供標題與檔案名稱，以便告知用戶和搜尋引擎，並根據標題內容加以描述，給觀賞者一個好理由願意看完影片。想清楚每支影片的標籤應該怎麼寫，這很重要，因為這可以決定它們會從哪些「相關影片」連結過來。標籤裡必須用個別的字眼或者和該影片及公司有關聯的短詞語。至於關鍵字的數量並沒有限制，所以你能想到的相關字眼都可以放進去。

照片

媒體分享不是只有影片而已，也可以試著加入 Flickr 或 Photobucket 這類網站分享照片，或者加入 Slideshare 分享幻燈片，設法在社群網路裡獲得更大的曝光度。舉例來說，在 Flickr 上，你可以張貼很多和公司成果有關的高畫質相片，評論其他人的作品，並加入和這個產

業有關的群組，積極地與其他用戶共同討論。如果你是使用公司的網址作為你的用戶名，那麼和其他用戶的每一次互動，都等於是為品牌多增加一次曝光度。

影音串流（Streaming）

隨著高速寬頻的普及，現場直播串流（Ustream 這類網站）也蔚為風潮，成為觀賞影片內容的另類熱門方法。在這個隨時可以觀賞電視節目、電影等的隨選視訊世界裡，現場直播串流網站證明了節目排程（scheduled programming）還是有觀眾群的。你可以透過贊助和廣告方式，在現場直播串流裡展開行銷，不過做法上不要太突兀，因為用戶通常不太能忍受廣告的干擾。原因出在現場直播串流不像網路上多數的視訊內容，它不可以直接跳過不想看的畫面，所以這是一個很棒但也很冒險的行銷機會，因為想看這些視訊內容的人勢必也得看那些被整合進去的廣告和贊助訊息。若是想打品牌廣告，又不願惹惱觀眾，兩全其美的辦法就是精簡廣告，在風格上盡量與串流視訊內容的風格一致，而且出現的時間要有技巧（通常放在最前面），才能盡量降低對內容的干擾。

標籤和書籤分享以及新聞聚合

新聞聚合和書籤分享網站

Digg、Sphinn 和 Reddit 這類新聞聚合網站，可供用戶使用網路上的新聞連結，並對這些新聞進行投票和評論。正面評價票數最高的新聞會占上網站裡最好的位置。像 Del.icio.us 這類書籤分享網站的做法也很類似，但運作上有一點不同，那就是用戶可以為自己喜歡的網站製作書籤，這樣一來，不管他們使用哪一台電腦，只要登入該網站，都可以進入，還可以和別的用戶分享這些書籤。書籤分享網站會分析用戶們選擇的書籤，再根據人氣進行網站和網頁的排名。

用戶可以只看框架頁裡最受歡迎的內容，或者是運動、政治等這些特定類別裡人氣最高的內容，再不然也可以利用搜尋工具尋找特定資訊。這些網站真正有趣的地方就在於後面這個功能，因為它們提供的搜尋結果至少有部分是根據其他用戶的推薦次數以及真正讀過內容的人所指定的類別來呈現。這和傳統的搜尋引擎不同，傳統搜尋引擎是靠電腦程式來決定主題和某些網頁的品質，但不管技術再精密，還是會出現某種程度的錯誤。因此這些網站所提供的搜尋結果往往比搜尋引擎來得更有價值，也因此吸引了大批用戶。就像傳統搜尋引擎優化一樣，如果你可以

讓你的網站進入這些網站的結果頁裡，便很有可能吸引到大批的目標流量。

要在這些網站當中爭取一席之地，第一步就是先成為幾個重要書籤分享服務網站的會員，將公司網頁放進書籤，在標籤裡放進適當的關鍵字，還有提交具有新聞價值的文章給新聞聚合網站。全力製作出令訪客信服和有用的內容，這樣一來，才會被加進書籤或提交給新聞網站。也別忘了在網站適當的網頁底部，提供 Digg 和 Del.icio.us 這類人氣網站的連結，鼓勵訪客也照著做。

花點時間調查市場上哪些內容最受歡迎，看看你可以從它們身上學到什麼，才好跟著複製成功經驗。留言區在這方面會很有幫助，因為用戶經常會在這裡解釋他們對某些網站或網頁的好惡原因。此舉不僅能確保網頁出現在這些網站的搜尋結果頁裡，帶來流量，也有助於 SEO，方便搜尋引擎的機器人程式（這種程式經常在書籤分享網站和新聞聚合網站裡爬行）了解網站的內容與功能。一般來說，只要能在這些網站不斷交出優質的內容，積極參與討論，就能改善品牌的聲譽。

社群網路

要跳過社群網路，幾乎不可能。畢竟它已盛行在現代生活、新聞和流行文化裡。所以在這個單元裡，我們決定先假設你已經很熟悉社群網站是做什麼的，再把這單元當作是社群網路（針對行銷活動）的使用練習，盡量少說明網

站的基本原理（譬如如何設定帳號），因為這些原理會隨著科技進步而改變。但如果你完全不懂何謂社群網路，建議你現在就去任何一家大型社群網站的首頁，譬如臉書，自己設定帳號，這絕對好過於我們的任何說明，然後經過一個小時的摸索，就能上手了。

社群網路是一個可以讓用戶成群結隊的網站，讓他們互通訊息、分享共同興趣、找到老朋友和新朋友。大部分社群網路都允許用戶和朋友玩遊戲，分享影片、音樂和其他媒體，而且舉凡他們想追蹤的主題，都會幫忙監看最新現況。等於涵括了先前談到的其他社群媒體網站大部分的功能，最重要的一點是，它們把這些服務全集中在一個地方，成為網路裡的中介網路，因為這裡有越來越多的應用程式供用戶使用，而這些程式通常是較大的網際網路才會提供的。舉例來說，必勝客（Pizza Hut）就在它的臉書頁面裡加了一個應用程式，可供用戶找到最近距離的必勝客餐廳、預約桌位或甚至訂購披薩。這些網站所提供的個別服務，其品質可能不像專門網站提供的那麼好，但還是很受一般用戶的歡迎，因為他們喜歡這種把所有東西集中一處的感覺。

一旦你設定好品牌的帳號，創造出它專屬的網頁，就可以開始吸引人們瀏覽，讓他們成為你的會員、朋友或粉絲。有個好方法是，連上公司網站的網頁和電郵。重要的是，你可以直接連上該網頁其中一個特定標籤，可以有不同的目標網頁做不同的連結，提高用戶轉變為粉絲的轉換率。所以假如公司的網站有一個討論論壇，你可以邀請用戶進來，加入臉書頁面上的討論，連上**討論**標籤；又或者如果你正要寄一封電郵，針對某特定主題提供意見，也可以連上**資源**標籤，讓他們能在這裡找到更多的協助。當然你要小心，不要製造太多標籤，以免頁面過度龐大或複雜，要根據目標群來鎖定連結，才能有效改善轉換率。一般來說，最好不要連結到塗鴉牆，因為你沒辦法控制粉絲張貼的內容，所以最好導引新訪客進到可以用來極大化轉換率的單元裡。

為了讓網頁發揮最大功能，你應該充分利用上述應用程式來客製化吸引人的內容。市面上有上千種應用程式，其中一些已經證實是網頁成功的背後推手。舉例來說，臉書的 Static FBML 應用程式可用來將超文件標示語言（HTML）或**臉書標識語言**（FBML，全名是 Facebook Markup Language）直接整合進頁面裡，這樣一來就有更大的客製化功能和設計功能，不必經歷複雜的過程，便能在**臉書平台**上製作客製化的應用程式。Flash Player 應用程式可供你上傳 Flash 檔案，讓粉絲可以播放任何 Flash 影片或者你開發的遊戲，這是一個可以鼓勵粉絲常來網頁的好方法。此外還有一些應用程式可以將公司的部落格或動態消息自動發布到它的頁面，讓頁面常有新內容出現，確保消費者可透過更多管道看見它。應用程式的數量不斷成長，有了它們的幫忙，頁面變得更有看頭，也更容易管理。建議你花點時間研究哪些應用程式最適合你的需求，然後實驗看看哪一個最好用。

辭彙解釋

就像在大型社群網路裡爭取現身機會一樣，也可以進軍較小眾的社群網站，譬如 Mumsnet.com 這類瞄準父母的社群網站，對行銷人員來說，這些網站的競爭比較沒那麼激烈，可以瞄準對象，採用更吸引人的手法。

許多社群網站都有公用程式（譬如臉書的 **Insights 程式**）可供你透過不同量測標準來檢視網頁的表現，類似 Google Analytics 的功能。你應該隨時注意這些量測結果，才能找到方法來改善頁面。以下是幾種可透過 Insight 程式對臉書頁面進行監控的量測標準：

互動：Insights 程式會算出粉絲和網頁互動的次數（塗鴉牆上的貼文、對貼文的評論等），並列出七天來互動的總次數。互動量測是重要指標，可以看出粉絲在頁面裡的參與度，也有助於提升臉書上的曝光度，因為粉絲和網頁互動得越勤，便會有越多故事被發布在他們朋友的動態消息裡（News Feed）。互動低表示你網頁裡的內容不夠吸引人。如果你發現自己處於這種狀況，一定要更勤快的貼文，而且貼的內容對粉絲來說必須切身相關、覺得有用或感到有趣。

貼文品質（Post Qualilty）：衡量貼文品質是看粉絲過去七天來的參與程度，而且會拿頁面的活動程度與粉絲數量相當的類似頁面做比較。這分數是用某種演算法計算出來的。粉絲數量、貼文數量、粉絲互動數量和其他因素都會影響演算結果。頁面的貼文如果不多，但每則貼文若都吸引到數量合理的回應，品質分數會比貼文多但回應少的高。這句話是要提醒你避免搬出一堆無用的資訊來淹沒粉絲，反而要定期提供優質的內容。

粉絲儀表板圖表（The Fan Dashboard Graph）提供的資料包括有多少人已成為該網頁的粉絲、有多少人已經不

再當粉絲、有多少粉絲選擇在動態消息裡隱藏該網頁的貼文（取消訂閱者）、有多少取消訂閱者後來又重新訂閱。顯然若是取消粉絲資格的人數過高，可能意謂你提供的內容不夠吸引人。取消訂閱率若是居高不下，則表示貼文品質不優或次數太頻繁。取消訂閱率尤其是重要的指標，因為粉絲動態消息裡的貼文是你向他們溝通的主要工具。

你甚至可以透過 Ning 這樣的網站來創造出自己的社群網路。這些網站大多是用來創造學術圈或學校校友的網絡，但也可有效運用在品牌上。如果你能為品牌創造出一個社群網路，就會比利用第三者社群網路的頁面來得更有主導權，更方便控制會員的素質。這種額外的控制必須以獨享方式賣給消費者，讓他們像 VIP 一樣擁有專屬的精英俱樂部，畢竟每個人都喜歡與眾不同。

跨媒體整合

原始恐懼

當你在整合社群媒體活動時，一定要讓大家有參與感。而最好的方法就是多加利用引人注目的畫面。但有些畫面讓人很不舒服，毛骨悚然，全身上下不自在。下墜感、野狼、毛絨絨的大蜘蛛、溺水、黑暗狹窄的空間，這些影像都會喚起人類的原始恐懼，所以如果你想要目標視聽群舒服地瀏覽內容，就要避開這些畫面。事實上不光是不該明目張膽地呈現，連暗示都不可以。而這個原則也同樣適用於其他直效式行銷媒體，因為不管呈現在哪種媒體上，那種恐懼都是一樣的。

你賣的是樓梯升降椅（stair lifts）嗎？那你最好確定各媒體的照片和影片呈現的都是往上爬升而非往下降的畫面，以免營造出令人恐懼的墜落感。你在推銷海灘假期嗎？最好呈現家人在沙灘上開心玩耍的畫面，而不是在深海裡戲水，以免引起溺水的連想。

相反的，如果你要辦一個會令大家心跳加速、腎上腺素飆高、刺激緊張的活動，便要好好利用這種原始的恐懼。假設你推銷的是探險假期、主題遊樂園或賽車，可以試著使用一些會引發原始恐懼的畫面來鋪陳該產品的驚悚效果。

社群媒體個案研究

社群媒體即時消息

你的社群媒體必須無處不在。在你所有的媒體裡放進連結、通報和摘錄，把人帶進你的社群。

臉書連結

推特連結

推特的即時消息

影片和部落格

社群媒體需要定期更新有趣和多樣的內容。發揮創意，多加利用你的目標視聽群常去的那些媒體或管道。

顯示前面幾行字，只要點擊「更多」，
便能看到整個網誌

以清楚的標題來引起興趣

可以回到前一頁的
清楚連結

作者的
詳細資料

最大的
視訊尺寸

類別過濾

重播／
視訊收看功能

整合過的視訊影片

發表評論的機會

？測試

沒有好的測試策略，
任何活動都會很快停
滯不前。

在這整本書裡，我們曾說過
「這得視人口資料、產品和目的而定」，
或者類似說法——而且是經常說。

這是因為雖然我們試圖對直效行銷各層面的原理和實務作業做了確實的說明，但活動裡的變數難以計量，還是必須按個案來看。即便是最可靠的至理名言也不見得完全適用。舉例來說，有句老話說低價衝業績，就不見得完全有效，尤其是對奢侈品或精品而言。

一場活動下來，總是有多到數不清的選擇得面對（有新的選擇和突然冒出來的選擇），令人卻步。再加上我們往往認定選擇過多代表沒有絕對的標準答案，所以看起來好像我們又把責任全推回你頭上。

這是因為你必須先測試你的行銷活動。

測試

在做行銷時，大部分的選擇都得看你測試的結果而定，因為除了個人化之外，測試是窄播性直效行銷裡的強項之一，它的執行成本低廉（尤其是線上行銷），可以根據實際的顧客行為找出令人信服的答案。

儘管如此，測試在行銷裡仍然經常被許多企業忽略，只因它們宣稱測試成本昂貴、耗時或過於複雜，而最常見的藉口就是反正不需要測試，因為員工「很了解市場」。就算真的做了測試，也會發生不是搞錯重點方向，就是樣本數太小，或追蹤得不夠徹底等問題。

以最基本的測試來說，成本根本不昂貴，時間也不會多耗，但如果選擇投資更多資源，得到的報酬往往更高。就算是最小型的測試也比完全不做來得好，甚至還有額外的好處。

這方面的著名例子是亞馬遜網站，它測試了一種格式，內有兩個字段（電郵地址和密碼）、兩個按紐（登入和註冊）以及一個連結（忘了密碼）。結果發現把其中一個按紐換成「繼續」而不是「註冊」，效果較好，因為顧客總覺得註冊是件討厭的事。按照測試結果進行更改之後，顧客的購買數量增加了百分之四十五，等於十二個月下來多賺了三億美元。

你到現在還不確定測試的重要性嗎？那麼建議你照這一章下個單元的步驟做，保證能讓測試自動進入你的生活。如果你已經進行測試，就自動跳過這個單元。

T. A. P.：兩步驟計畫（The Two Step Programme）

outside the box的來源不明測試恐懼症克服計畫只有兩個步驟，比起其他多數的自助性辦法更為有效。

步驟一

接受顧客不可靠的事實

偏好測試的人大多會告訴你，如果你相信自己很了解市場，點子不需要測試，那麼你不是太天真就是太自大了。他們會說我們居住在一個「自以為」的錯覺世界裡，我們的觀點和經驗存在著嚴重的偏見，不能代表潛在顧客或客戶的真正想法。如果你根本不夠了解你的顧客，卻一昧相信自己，恐怕會付出昂貴的代價。

但如果你自認為可以為顧客設身處地的著想，這不算是自大。畢竟人不是孤島。這世上的確有同理心這種東西，而且誠如**策略**一章所言，你在活動裡的每個階段都應該具備顧客的同理心，甚或要和你的行銷對象行為一致。

因此我們從不同的角度去看測試的重要性：大眾不知道他們要什麼，我們該怎麼辦？如果把每個顧客都視作為不同的個體，就能多少了解他們的行為，大致勾勒和預測出他們的行為。不過從整體來看，顧客又是另一種完全不同的生物，有著不合理的行為與購買習慣。畢竟太多的奇聞告訴我們，再萬無一失的活動也還是可能出現顧客反應冷淡的情況，或者反過來說，再無趣平凡的活動也可以反應熱烈。

簡而言之，對自己的能力要有信心，但也務必了解，一定要經過測試，因為**大眾是不能信賴的**。

步驟二

開始測試

就這麼簡單。

對照版

在進行任何測試之前，都必須有一個對照版。這並不難，因為不管你想測試的是網站、郵包或電郵等，對照版通常都是它們的原型。但如果是為新上市的東西展開行銷，一定要確保每樣測試都有多重主題，這樣才能彼此對照。

一般來說，對照版是必備的，不可輕忽。如果新的活動似乎效果頗佳，對照版可以幫你量化出進步的幅度，更重要的是，若無對照版，恐無法確定這次表現有起色是因為這場新活動的關係，還是有別的因素；如果是舊的行銷活動，則無法確定它的表現是跟以前一樣好還是更好。要

想將對照版做最充分的運用，其實有方法，譬如多變量測試的應用。但不管怎麼說，絕對不能從測試中缺席。

測試

A/B 對比測試（A/B Split Test）

A/B 對比測試是行銷裡一種可靠的基本測試，也是最容易執行和分析的。唯一的缺點是要花很長時間才能完全優化你的活動，因為一次只能測試一個面向。要執行 A／B 測試，得拿出對照版，更動你覺得可能造成影響的一個元素，同時間執行對照版和新版。如果新版的成果勝過對照版，當然就可以很有自信地用它來取代對照版，一定可以有更大的報酬。這時候的新版就成了下一次測試時需要調整的對照版。

多變量／多變數測試（Multivariate/Multivariable Testing）

如果你重視的是速度和效率，那麼簡單的 A/B 測試便派不上用場，應改用**多變量或多變數測試（簡稱 MVT）**。MVT 是對同一活動裡的一系列變動同時展開測試。這種方法最適合線上行銷，因為這裡的媒體可能都有多重的連結、圖片和按鈕，很適合做測試。

至於非線上活動，若想測試活動裡的文宣品，恐怕很難也很昂貴（不過也並非不可能）。誠如在以下的**資料庫**和**何時何地**單元裡所言，你可以在一年當中的不同時間進行測試，或者測試不同目標視聽群、不同職業、不同地理位置，從中找到更多具有影響性的變動因素。

MVT 除了效率方面的好處之外，也對優化很有幫助，因為你可以對你想測試的活動做多方面嘗試，譬如，你決定要測試某登陸頁的十種元素，一旦主要變數（請參考下面的變數等級清單）處理完，便有空間容納至少兩個萬用字元變數。你不一定只測試網頁裡明顯重要的部分，可以去發掘許多看似模糊但其實重要的元素。就算你不這麼做，還是可以想辦法測試流程裡所有的基本元素。

手工分析多變量測試結果，不是件容易的差事，就連 outside the box 小組裡最具數學頭腦的人都對這種事叫苦連天。不過還好有很多程式可以運用，再不然也可以找坊間的分析公司幫忙把 MVT 的資料轉換成簡單易懂的報告。

測試什麼和測試誰

outside the box 早年曾為某快遞公司製作直郵廣告，然後測試它的字型、提供物、時機安排以及其他覺得需要測試的元素。經過五次反覆測試，終於將直郵廣告優化到最完美的地步。但一年過後，有人指出還有一個地方沒有測試：原來我們會在封面放一張快遞人員的照片，但每次測試都是使用男性模特兒。那是因為經驗告訴我們，大部分的快遞人員都是男性，於是我們便以為顧客也和我們有同樣的想法，放心由男性來擔任快遞人員。但我們決定拿女性照片來測試，看看有沒有差別，結果出乎意料，回應率竟因女性照片而大幅提升，我們只能假設那是因為顧客覺得女性快遞人員的服務會更令他們放心。當初要是我們做對了測試，一整年下來就能幫客戶多賺許多錢。

說到要如何決定測試的項目，outside the box 團隊向來相信**唯一的標準就是沒有標準**——只除了一個——還有其他幾個：

沒有一個不重要

若要決定活動裡哪些元素需要測試、順序如何，請參考以下清單：

非線上活動	線上活動
● 非線上活動	● 線上活動
● 商品／服務	● 產品／服務
● 目標視聽群	● 目標視聽群
● 提供物	● 提供物
● 編排格式	● 可用性
● 創意	● 滲透率
● 時機	● 創意
● 回應機制	● 時機
	● 回應機制

注意事項

如果你有強勢的價格優惠，就可以立刻衝高銷售業績，但這對忠誠度不利。強而有力的品牌訊息不能立刻刺激銷售，卻能建立長遠的忠誠度。

顯然重要變數應該先接受測試，畢竟它們是最容易找出來的，而且能提供最大的報酬。但這似乎無法阻止有些公司硬是要先測試按紐的顏色或標語的尺寸，然後才測試他們的提供物。

這意思並不是說你不能去測試按紐的顏色，如果那些重要元素已經修正到最佳狀態，測試作業及測試的成效就不會那麼高，這時你可以將心力和資源放到測試按紐的顏色上，只是前提是必須等到等級清單前面的元素都出現報酬遞減的現象才行。又或者就像之前所提，MVT可以讓你從等級清單裡較下層的元素開始測試，不然要是等到只剩按紐顏色可以測試時，恐怕就意謂得全面改造這個活動了。

進化或革新

長久以來的測試原則是，要嘛就採**漸進方式**，要嘛就採**極端手段**；不是測試活動裡的單一元素，就是測試整個全新的活動。漸進式的手法較為精準，因為你可以逐一找出哪些變更會得到最佳效果。不過搞到最後，漸進式變動會有點白費工夫，變成你必須全面革新，測試另一個完全不同的活動。因此在採用漸進式手段的同時，也可以做點極端性的測試，這樣一來，當漸進式手段走到盡頭時，你已經先做好了準備。

數學應用──樣本規模

進行測試時，一定要確定有最佳的樣本規模。測試必須盡可能符合成本效益。過大的樣本只會浪費金錢，過小的樣本則不足以精準代表整體顧客。要確定樣本數，得先決定以下三種標準數值：

所需信心水準（The confidence level required）──這代表這項測試能多據實地反映出整個市場，數字最好保持在百分之九十以上。標準是百分之九十五。只要低於百分之九十，便可能拉低可信度，也拉低你測試結果的價值。

實得測試結果所能容許的下上百分差異（The tolerable percentage variance above or below the observed test result）──這是指在可容許的結果差異下所能接受的數字，越低越好。

預期回應率（The expected response rate）──要確定這個數值，得先回顧以前的活動，找出一個平均回應率，以百分比表示。

一旦你確定了以上幾個數值，便可以套用到以下公式，算出你的樣本規模：

$$樣本數 = 3.8416 \times c\,(100\text{-}c) \,\diagup\, b^2$$

b 代表可容許差異，c 代表預期回應率

或者你可以利用以下表格，根據你的可容許差異和 95% 的信心水準，得出大概的樣本數

預期回應	0.1	0.2	0.25	0.3	04	05	和預期回應有關的正負誤差 06	0.7	0.75	0.8	0.9	1
0.5%	19,100	4,800	3,100	2,100								
1.0%	38,000	9,500	6,100	4,200	2,400							
1.5%	56,800	14,200	9,100	6,300	3,500	2,300						
2.0%	75,300	18,800	12,000	8,400	4,700	3,000	2,100					
2.5%	93,600	23,400	15,000	10,400	5,900	4,700	2,600					
3.0%	111,800	27,900	17,900	12,400	7,000	5,200	3,100	2,300	2,000			
3.5%	129,800	32,400	20,800	14,400	8,100	5,900	3,600	2,600	2,300	2,000		
4.0%	147,500	36,900	23,600	16,400	9,200	6,600	4,100	3,000	2,600	2,300		
4.5%	165,100	41,300	26,400	18,300	10,300	7,300	4,600	3,400	2,900	2,600	2,000	
5.0%	182,500	45,600	29,200	20,300	11,400	8,000	5,100	3,700	3,200	2,900	2,300	
5.5%	199,700	49,900	31,900	22,200	12,500	9,300	5,500	4,100	3,500	3,100	2,500	2,000
6.0%	216,700	54,200	34,700	24,100	13,500	8,700	6,000	4,400	3,900	3,400	2,700	2,200
6.5%	233,500	58,400	37,400	25,900	14,600	9,300	6,500	4,800	4,200	3,600	2,900	2,300
7.0%	250,100	62,500	40,000	27,800	15,600	10,000	6,900	5,100	4,400	3,900	3,100	2,500
7.5	266,500	66,600	42,600	29,600	16,700	10,700	7,400	5,400	4,700	4,200	3,300	2,700
8.0%	282,700	70,700	45,200	31,400	17,700	11,300	7,900	5,800	5,000	4,400	3,500	2,800
8.5%	298,800	74,700	47,800	33,200	18,700	12,000	8,300	6,100	5,300	4,700	3,700	3,000
9.0%	314,600	78,700	50,300	35,000	19,700	12,600	8,700	6,400	5,600	4,900	3,900	3,100
9.5%	330,300	82,600	52,800	36,700	20,600	13,200	9,200	6,700	5,900	5,200	4,100	3,300
10.0%	345,700	86,400	5,300	38,400	21,600	13,800	9,600	7,100	6,100	5,400	4,300	3,500

你也可以到 **www.outsidethebox.co.uk/marketing** 找出程式來幫你確定樣本數量。

資料庫

要取得樣本，最理想的樣本庫自然是以前的顧客／用戶資料庫。這些人對產品或服務都有過興趣，自然可以指望他們對這些測試做出較大的回應。誠如以上所言，回應數量對以統計為主的測試來說十分重要，所以回應數量越高，效果自然越好。

資料庫本身對測試來說也是重要的候選者，因為它可以被區隔成不同類型的顧客（依年紀、職業等來分），然後再測試這些被區隔的顧客群，確定哪些變動最適合用在他們身上。

別忘了時間和地點

就像拿電郵A對照電郵B做測試一樣，你同樣也要考慮行銷活動在一年當中舉辦的時間以及它的地理位置。要做到這一點，就要在一年當中分不同時間進行測試，或者測試一下你的直郵廣告在東北部的效果是不是和在西北部一樣。不過我們建議你可以再複雜一點，將你要測試的地理位置和時間整合到其他測試裡。舉例來說，你可以在北部測試郵包A，在南部測試郵包B，到了下個月再互換成南部測試郵包A，北部測試郵包B。多次不斷輪替地理位置，就能逐步得出更可靠的測試結果。

非線上測試

在測試郵購型錄和直郵廣告這類非線上媒體時，必須顧及到一些非線上才有的考量。其中大多涉及到媒體的有形性質，包括它的形狀、成品和材料等，這些都和交付成本及印刷成本有關。

親自動手

如果你正在整合一個非線上的活動或者一個含非線上作業在內的活動時，一定要充分運用非線上活動才有的感官因素。在製作非線上的行銷包裝時，若想深入檢視各種可用選項，請參考直郵廣告一章，不過主要的變數還是跟素材有關，包括紙質、塑膠、金屬箔片等；最後修飾；味道、質地、聲音等；以及尺寸和3D元素。增加其中任何一項，都能更吸引收件者，但成本也跟著增加，造成ROI的潛在風險。這時候測試就變得很重要。當outside the box團隊在為Direct Holidays旅行社整合直郵廣告時，就設計過一種郵件可以在打開時出現由硬紙板立體裁切而成的雞尾酒。光是這個簡單的彈出裝置，便使回應率多增加百分之三十。

不管你是推銷巧克力、窗簾、車子還是健身運動，都有辦法從你的包裝上去個別反映和喚起人們對你產品的記憶——也許是巧克力的氣味、也許織品製成的封面，或者是新車的味道或海洋的聲音——而測試有助於你找出其中最有效和最划算的方法。

印刷技巧

說到要印刷測試版文宣，其實是有方法在同一批印刷作業裡製作兩種以上的版本。若要做簡單的A/B對照版，多數印刷商都會把不同版本的郵件內容放進同一套模板，同時印刷。但也有其他可降低測試成本的方法和可供MVT運用的方法。

其中一個簡單而便宜的測試方法是利用黑版更換（Black-Plate Change）的方式，也就是在四色印刷過程中，抽掉原來的黑版內容，改放不同的優惠條件內容物、文案或任何以黑版印刷的內容物，至於其他版面編排印刷仍然照舊。

郵件需要個人化的時候，最常用的印刷方法就是**雷射印刷**。這種先大批印刷相同內容的郵件，事後再補印細節的方法，也可用來區隔郵件，以便在測試裡進行對照比較。MVT也能以同樣方式印刷，因為可以利用不同組合方式將各種變數套用進一系列的郵件裡。誠如直郵廣告一章所提，**數位印刷**可以針對個人需求為每份郵件印製不同照片與內文，讓郵件變得更具吸引力。而在做測試時，數位印刷則提供了近乎自由的空間，可供你在郵件的任何位置放置任何變數。理論上，這對MVT來說，等於享有和線上測試一樣的好處，只不過印刷商的數位印刷郵件數量往往很小（不到一萬份），而且又做了太多的區隔，所以統計上恐怕沒有太大意義。因此數位印刷只能用於少量的變數，對MVT來說，嚴重降低了它的有效性。

注意事項

如果你需要把印刷品分成幾個可以測試的部分，一萬份的數量看起來好像不多，但你可以把一萬份的個人化郵件拿來和非個人化的對照版郵件一起做測試，以確保數位印刷裡所提供的個人化元素能有足夠的成本報酬。

耐心

最後要說的是，所有測試都需要耐心這個元素，因為你得耐心等候結果出來，非線上媒體尤其需要。從寄出郵件或型錄一直到看見大批的回應結果，這中間的等待時間會比一般人想像來得長。你可以看看前面的**數學應用**單元，就會知道如何判定何時才能看見測試結果在統計上的意義，不過這還是無法加快回應的速度，所以你必須有意志力，才不會因為不耐而冒然行動，造成測試的徒勞。

線上測試

工具

說到測試電郵和網站，可利用的測量工具相當多。它們可以讓你追蹤跳離率（bounce rate）、展開脫困調查（bail-out survery）、重新檢驗顧客旅程。好消息是有很多不錯的工具可以免費取得。Google Website Optimizer 正是最好的免費工具之一，而且是個不錯的起點。

網站

我們已經提過，一定要先測試活動裡比較重要的層面，這一點尤其適用於網站，換言之，先把焦點放在可以製造最佳報酬的網頁上，挑出那些不符期許的網頁（Google Website Optimizer 會告訴你哪些網頁有問題），把它們放進下一波測試的重點項目裡。此外，你也應該展開顧客調查，了解哪些網頁或網站功能會對用戶造成困擾，著手測試，解決問題。

電郵

說到什麼都能測試的這項遊戲規則，電郵特別適用，其他媒體完全比不上。從設計角度來看，你可以測試不同的長度、版面設計、圖片、色系等等，也可以嘗試不同的誘因和產品說明。你可以選不同日子、不同時間，以不同程度的頻率寄出電郵。誠如在多變量測試單元裡提過，電郵對 MVT 來說是最重要的候選媒體，相同的活動你可以利用多達二十種的變化方式同時進行測試。如果你在 MVT 及它的分析結果投資了時間和金錢，那麼各個元素的測試代價將變得微不足道，因此應該盡量不放過任何測試的機會。

小本經營的測試作業

測試都有一定的預算，但那些沒有預算的人也不必絕望，因為有很多測試管道很具成本效益。如果你的預算不夠你展開一系列的完整測試，就先從小型測試開始。這種小型測試應該會為你帶來更多收益，於是就能擁有更多可用的預算，因為主事者會發現原來測試的投資報酬不錯，所以一部分的報酬會挪去作為下回測試的支出。千萬不要放棄測試，因為這可以慢慢增加預算，非常管用。以下是 outside the box 小組想到的幾個可能測試方向：

更便宜的郵件

你要測試的第一個變數就是郵件的規模。記住一點，你的目標是淨利越多越好，但這不等於需要更多顧客，因為靠大量廣告吸引來的大量顧客可能會因經常開支過高而折損收益。同樣的，也可以測試像素材品質這類元素，才好確定能否在不影響回應率的情況下樽節支出。

較小型的測試

我們很少提出這樣的建議，但如果你覺得可以在樣本信心水準上有所妥協，那麼小規模的測試應該是可行的。但千萬記住，你在信心水準上妥協得越多，測試結果的可靠度就越低，最後整個測試會變得毫無意義。

挑選你的媒體

電郵的製作成本比郵件低很多，而這些媒體的測試方式都是大同小異，所以為什麼不先從線上著手？

活用常識

不要被測試結果牽著鼻子走。記住活動的理由是什麼？通常是為了轉換值／投資報酬率，而不是轉換率。要確定投資報酬率，請利用以下公式：

（活動所生成的收入／活動總成本）×100%

你做生意的最大目標就是賺錢。就算每個關鍵績效指標（KPI）都有好成績，但投資報酬率如果很低，這表示你的支出過高，需要換一個更具成本效益的方法。

優待券和代碼

如果你沒辦法確定哪種版本可以獲取最多和最有價值的回應，就不可能知道哪種測試主題最為成功。在某些個案裡，你可以借助媒體本身，輕鬆獲得這類資訊，有連結的電郵和網站廣告就是最好的例子，因為每個回應都可以往

回追溯出回應者是點擊哪一條連結。但對非線上或跨媒體行銷來說，就必須在文宣品上放進代碼，才能從收件者的回應裡看出對方收到的是A郵件還是B郵件。

只問什麼有效，但不問為什麼有效

雖然我們談了這麼多測試之道，但是身為 outside the box 小組的我們必須承認，測試不能解答所有問題。它的缺點在於它只能告訴你**什麼有效**，但無法解釋**為什麼有效**。要知道為什麼，得另外展開研究調查。

當然有人會認為原因是什麼並不重要，那是科學家和社會學家必須去研究的東西，至於行銷人員只要負責賣掉產品。但如果能知道某項變數為什麼比其他變數來得有效，就可以為公司的下一波活動方向提供真正寶貴的意見。舉例來說，你可能是透過測試才知道其中一個以男性為主的商品廣告竟然在以女性為主的網站裡有出色的表現。原因可能是女性會買這個商品送給男性；抑或有相當多的男性會去瀏覽那些傳統上以女性為主的網站；或者還有其他完全未知的理由。要想知道原因究竟何在，唯一的方法是展開研究調查。如果調查過後，發現原因是女性會買它當禮物送給男性，那麼這個資訊就可以作為公司更改策略的依據，從此以後每逢聖誕節或情人節這類贈禮季節時，便把行銷重心放在男性產品上。

記錄的整理和保存

直效行銷是和顧客對話的一種方式，但話要說得得體，訣竅在於記憶力要好。這就像人際關係一樣，如果你從來不注意聽別人說話、也記不住別人說過的話，一定很容易說錯話。你和顧客的關係，便有如你與你愛的人之間的相處關係，但要拿捏得宜。

我們先前提過，測試能讓我們深入了解消費者的真正行為，因此測試結果就有如顧客在對話中說過的話，由於顧客數量絕對比你愛的人來得多，所以一定要靠完整又有系統的精確記錄來幫你補強記憶。要不然，你很容易就忘了A類型的顧客喜歡的是二月分C產品的B優惠，B類型顧客喜歡的是六月分D產品的A優惠，然後還有C類型、D類型、E類型、F類型等等。

清單裡要有什麼樣的記錄

- 活動文宣品的記錄
- 時間和地點
- 每日的測試結果和轉換率
- 累計的最後結果和轉換率
- 可能影響成效的新聞消息、天氣狀況或政治事件

更重要的是，利用這些記錄為顧客量身創造屬於他們的活動，證明他們的意見已獲採納，此舉有助於培養企業和消費者之間的互信關係。

重複整個流程

測試是個不斷重複的過程，改良現有作業，展開下一波作業。每一次測試成功，都會創造出另一個新的對照版，再據此展開新一波的測試，在你百分之百地完成轉換之前，都會有進步的空間。

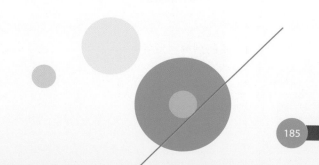

目標鎖定——情侶或夫妻

進行測試時，一定要把重心放在最緊要的事情上。你必須很清楚你要測試的是什麼，不要太複雜。這張跨頁有兩份直郵廣告在進行對照性測試，第一份廣告強調的是情侶或夫妻出遊，第二份強調全家人出遊。

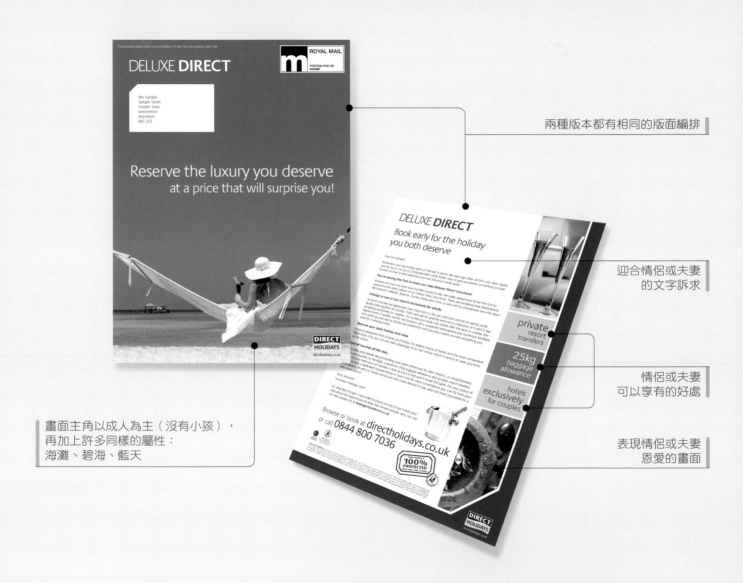

兩種版本都有相同的版面編排

迎合情侶或夫妻
的文字訴求

情侶或夫妻
可以享有的好處

表現情侶或夫妻
恩愛的畫面

畫面主角以成人為主（沒有小孩），
再加上許多同樣的屬性：
海灘、碧海、藍天

目標鎖定——全家人

更大型和更有趣的行銷傳播活動往往能在市場上引起更多迴響和回應，但是這些多出來的回應能打平額外的開支費用嗎？只要和一個便宜一點的活動一起做對照性測試就知道了。

兩種版本都有相同的版面編排

迎合全家人
的文字訴求

全家人都可
享用的好處

畫面主角以小孩為主，
再加上許多同樣的屬性：
海灘、碧海、藍天

表現親情的畫面

格式——明信片 vs 彈出式的大張郵件

測試會告訴你真相。行銷不是靠假設或憑直覺行事。

明信片的前面

明信片的背面

郵件打開，有東西彈出來

最前面的封面

提供的優惠——運費和包裝免費VS九折優惠

行動號召代碼

不同的紙張代碼

條款與條件

不同的行動號召代碼

條款與條件

最後要說的是…

…呃，其實沒有所謂的最後

波浪的製造是一種循環的過程，每一波浪潮的消散，便等於下一波浪潮的開始，不斷改進。這個循環不會終止，但這裡的關鍵字是「不斷改進」。從過去的錯誤和成功經驗中學習，創新未來，而不是陷在千篇一律、停滯不前的泥沼裡，因為新的波浪需要新的點子和新的花招去刺激和吸引群眾。

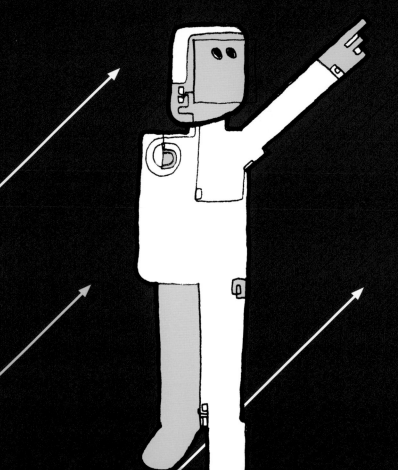

行銷世界變遷快速，雖然有許多方向可能是多年不變的，但細節的變化卻快到即便我們每天重印這本書都難以趕上。為了不斷修訂和提升本書內容，我們推出了網站 www.outsidethebox.co.uk/marketing，以便隨時更新最新的行銷趨勢、技術和資訊，也提供論壇供大家提問和討論，請務必上網看看，加入我們。

現在你只需要把你學到的經驗拿出來，重新再開始…

這個供作參考的產品廣告對我們的目標視聽群來說仍有意義嗎？

我們是不是應該等到這一章後面一點的時候再點出「製造波浪」這四個字？

從七〇年代 Ryvita 全麥餅乾腰圍廣告（Ryvita Inch War）的游擊戰，到千禧十年行將終了之際、大猩猩以精湛鼓技超越菲爾·柯林斯（Phil Collins）的吉百利巧克力廣告（Cadbury），這些成功的破壞性創意點子都曾經是廣告界裡的經典。但光靠好的創意點子（a big idea），是不可能激起公眾意識裡的任何漣漪。一個好點子要製造出波浪，得透過正確管道傳達給它的視聽眾（audience）。而最近以來，就連管道本身也變得像被傳送的點子一樣重要、多元和刺激有趣。

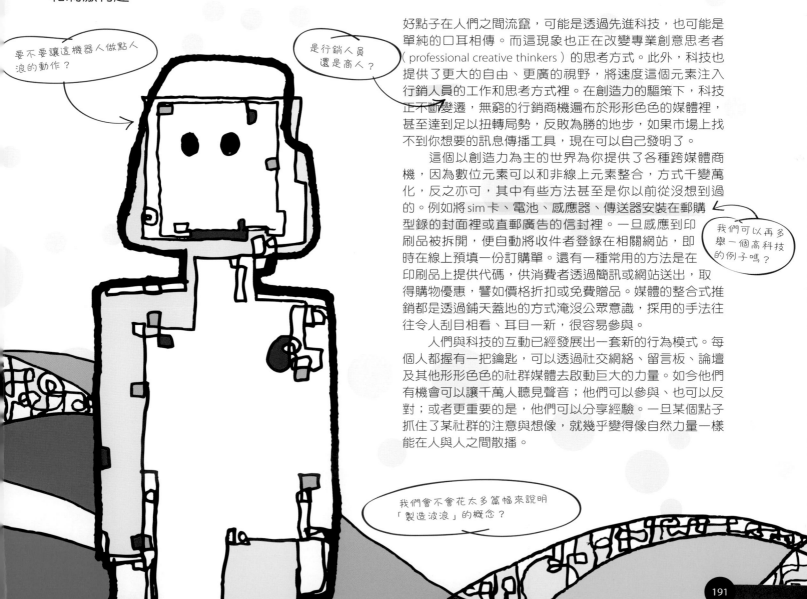

要不要讓這機器人做點人浪的動作？

是行銷人員還是商人？

好點子在人們之間流竄，可能是透過先進科技，也可能是單純的口耳相傳。而這現象也正在改變專業創意思考者（professional creative thinkers）的思考方式。此外，科技也提供了更大的自由、更廣的視野，將速度這個元素注入行銷人員的工作和思考方式裡。在創造力的驅策下，科技正不斷變遷，無窮的行銷商機遍布於形形色色的媒體裡，甚至達到足以扭轉局勢，反敗為勝的地步，如果市場上找不到你想要的訊息傳播工具，現在可以自己發明了。

這個以創造力為主的世界為你提供了各種跨媒體商機，因為數位元素可以和非線上元素整合，方式千變萬化，反之亦可，其中有些方法甚至是你以前從沒想到過的。例如將 sim 卡、電池、感應器、傳送器安裝在郵購型錄的封面裡或直郵廣告的信封裡。一旦感應到印刷品被拆開，便自動將收件者登錄在相關網站，即時在線上預填一份訂購單。還有一種常用的方法是在印刷品上提供代碼，供消費者透過簡訊或網站送出，取得購物優惠，譬如價格折扣或免費贈品。媒體的整合式推銷都是透過鋪天蓋地的方式淹沒公眾意識，採用的手法往往令人刮目相看、耳目一新，很容易參與。

我們可以再多舉一個高科技的例子嗎？

人們與科技的互動已經發展出一套新的行為模式。每個人都握有一把鑰匙，可以透過社交網絡、留言板、論壇及其他形形色色的社群媒體去啟動巨大的力量。如今他們有機會可以讓千萬人聽見聲音；他們可以參與、也可以反對；或者更重要的是，他們可以分享經驗。一旦某個點子抓住了某社群的注意與想像，就幾乎變得像自然力量一樣能在人與人之間散播。

我們會不會花太多篇幅來說明「製造波浪」的概念？

獻給

Think 和 outside the box
的小組成員